犬关节学图谱

Atlas of Canine Arthrology

赫苏斯·拉伯达·瓦尔（Jesús Laborda Val）
胡里奥·吉尔·加西亚（Julio Gil García）
（西）米盖尔·吉米诺·多明戈斯（Miguel Gimeno Domínguez）著
贾维尔·努维艾拉·奥尔汀（Javier Nuviala Ortín）
阿玛亚·翁苏艾塔·加拉尔萨（Amaia Unzueta Galarza）

钱存忠 等译

化学工业出版社
·北京·

Atlas of Canine Arthrology-Second Edition，by JESÚS LABORDA VAL，JULIO GIL GARCÍA，MIGUEL GIMENO DOMÍNGUEZ，JAVIER NUVIALA ORTÍN，AMAIA UNZUETA GALARZA
ISBN of English Edition: 9788417640750

This edition of Atlas of Canine Arthrology-Second edition is published by arrangement with GRUPO ASIS BIOMEDIA S.L.
本书中文简体字版由GRUPO ASIS BIOMEDIA S.L.授权化学工业出版社独家出版发行。

北京市版权局著作权合同登记号：01-2023-0122

图书在版编目（CIP）数据

犬关节学图谱/（西）赫苏斯・拉伯达・瓦尔等著；钱存忠等译．—北京：化学工业出版社，2023.1（2023.8 重印）
书名原文：Atlas of Canine Arthrology
ISBN 978-7-122-42512-6

Ⅰ.①犬…　Ⅱ.①赫…②钱…　Ⅲ.①犬病-关节疾病-图谱　Ⅳ.①S858.292-64

中国版本图书馆CIP数据核字（2022）第208162号

责任编辑：邵桂林　　装帧设计：刘丽华
责任校对：田睿涵

出版发行：化学工业出版社（北京市东城区青年湖南街13号　邮政编码100011）
印　　装：北京建宏印刷有限公司
787mm×1092mm　1/16　印张$6^3/_4$　字数175千字　2023年8月北京第1版第2次印刷

购书咨询：010-64518888　　售后服务：010-64518899
网　　址：http://www.cip.com.cn
凡购买本书，如有缺损质量问题，本社销售中心负责调换。

定　　价：108.00元　　

本书翻译人员

钱存忠

钱　刚

刘芫溪

前 言

数十年来关节病理学的研究已经取得巨大的进步，我们认为兽医的进步，需要定期、不断地更新对这些疾病复杂的发病机理的了解，为此动物矫形协会（OFA）阐述和制定了较为清晰的标准。

要充分理解和治疗犬的关节病，先决条件是具有足够的关节大体解剖学和细胞解剖学知识，才能精确定义组成犬猫关节的每个部分。在兽医日常实践中，当我们认识到诊断成像技术的应用越来越多时，对关节解剖知识的掌握也更加重要。

本书的编写目的是为读者提供一个关于犬全身关节解剖真实而可靠的参考工具。书中详细地描述了犬每个骨骼与关节及其组成，并在保证精度的同时从不同的角度简单明快地给读者展示各种信息。本书以图片为中心，并辅以简短、准确和实用的文字，给读者提供了丰富的视觉上的信息。

本书的一个新特点是使用二维码，它可链接到3D动画。在每一章中，二维码链接到与信息相关的3D动画（关节结构、关节穿刺病理学检查，或特定病变的处理）。我们希望这些内容能为读者提供新的信息，可进一步加深读者对相关部位的理解和学习。

在编写本书时，作者将自己研究犬肌肉、骨骼解剖多年的经验总结下来，便于广大兽医在日常临床实践中借鉴、学习与应用，以帮助其解决工作中面临的复杂问题。

CONTENTS

目 录

概述

关节与关节角

髁状关节模型

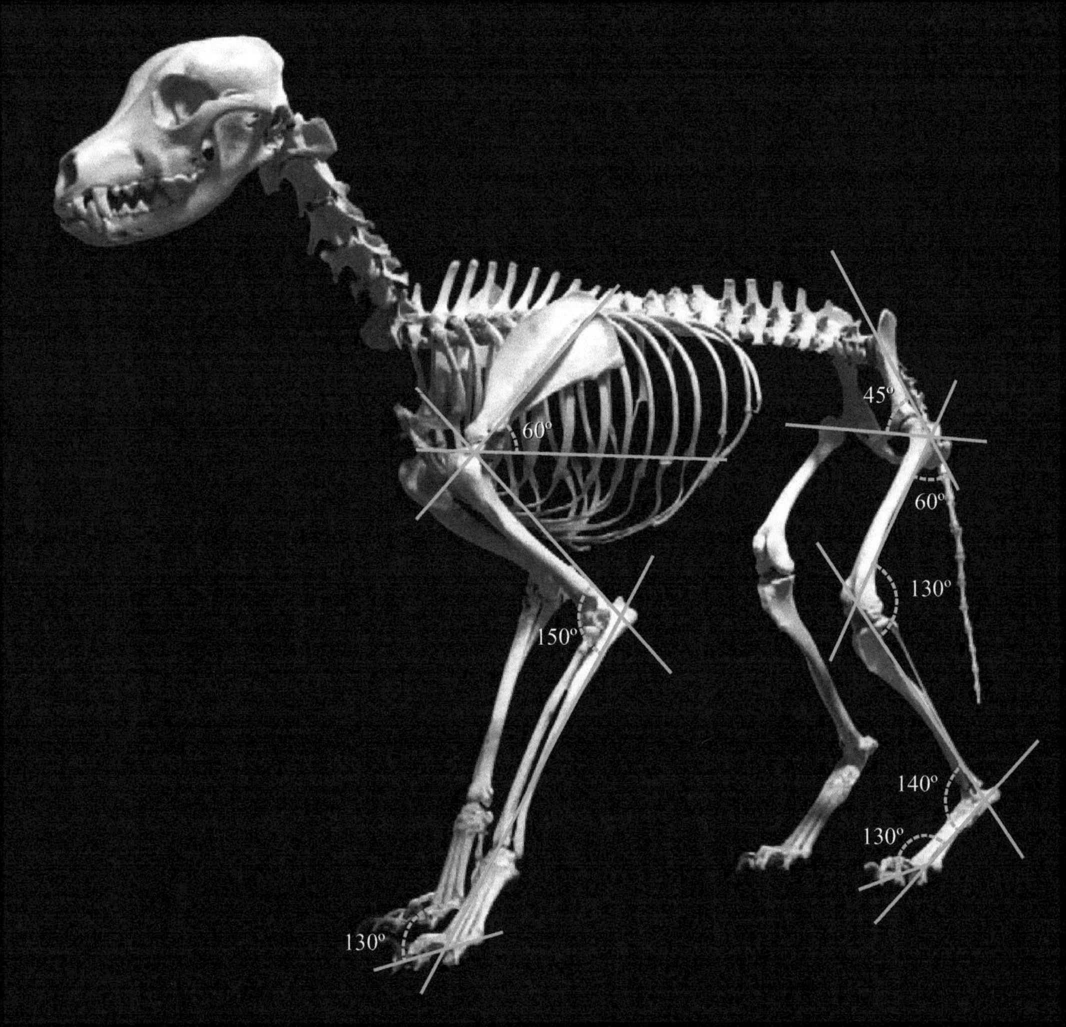

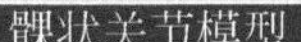

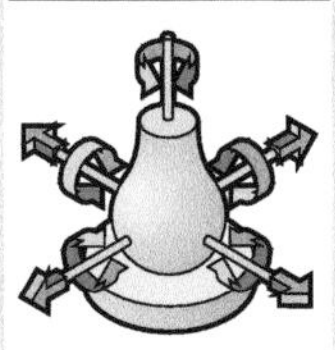

滑车关节模型

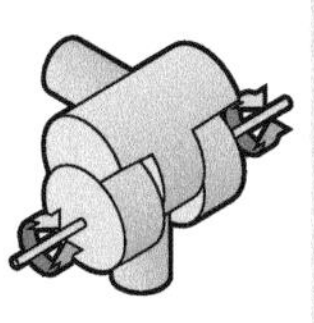

软骨结合模型

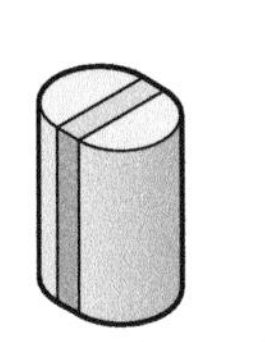

球状关节模型

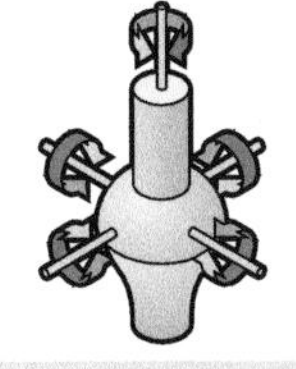

滑车状关节模型

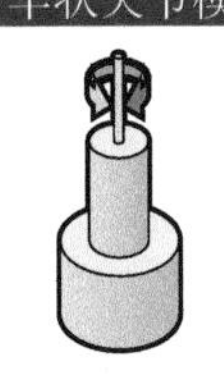

平面关节模型

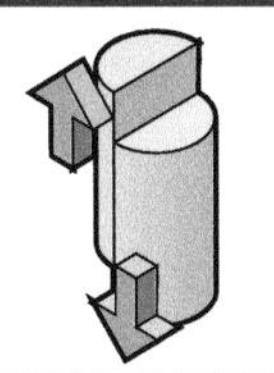

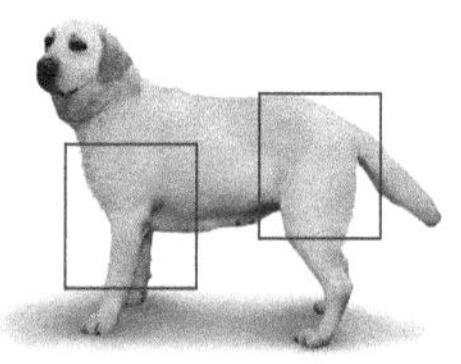

关节软骨的特点

关节面是由骨端面上的软骨形成的，它可以将作用力从一块骨头传递到另一块骨头，无论犬的姿势或运动方式（图1）。

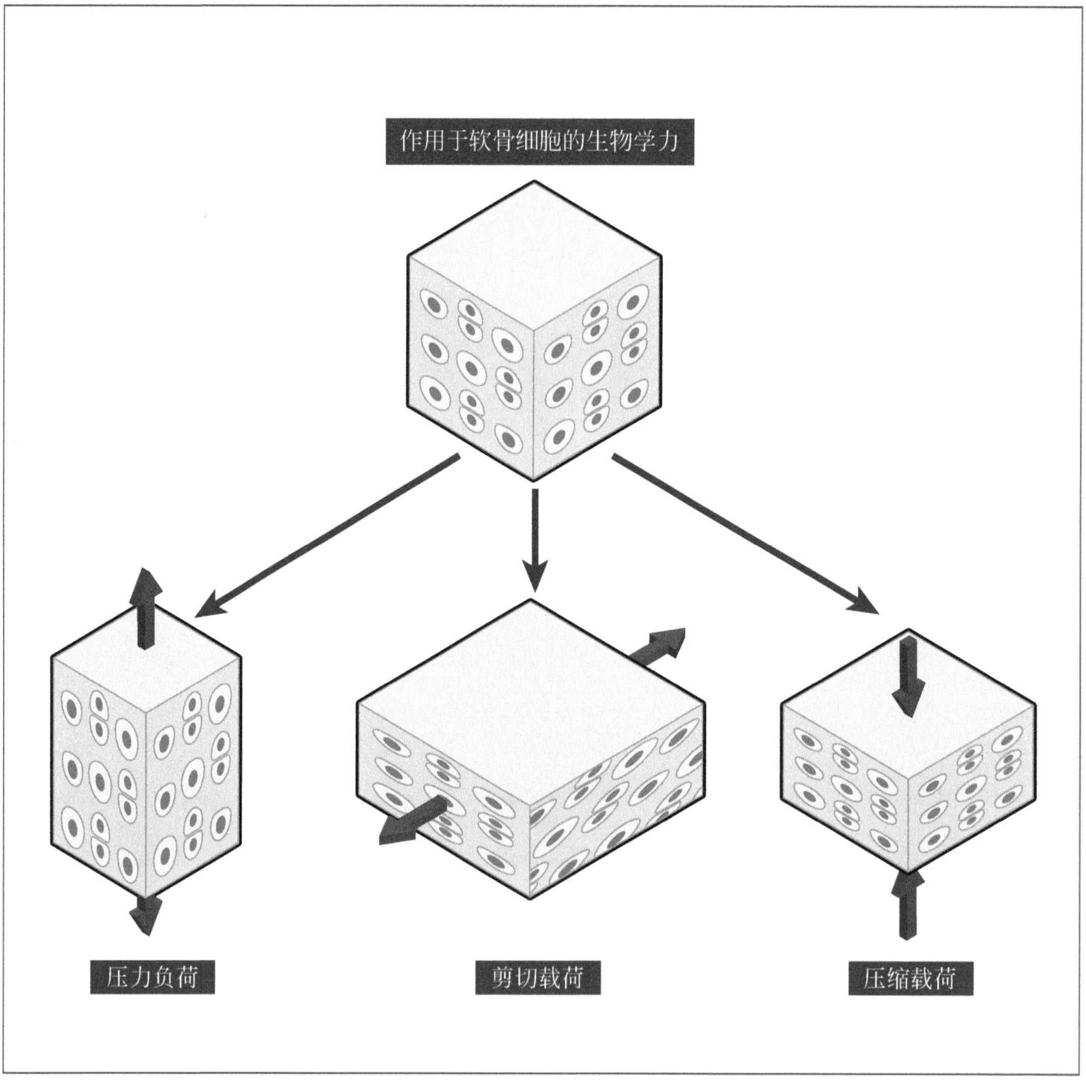

作用于软骨细胞的生物学力

压力负荷

剪切载荷

压缩载荷

图1 作用于软骨细胞的生物学力

关节软骨的结构

关节软骨厚度为1～6毫米，其厚度越大的部位承担的负荷越大。它的结构和组成有利于关节以最小的磨损来优化力的传递。

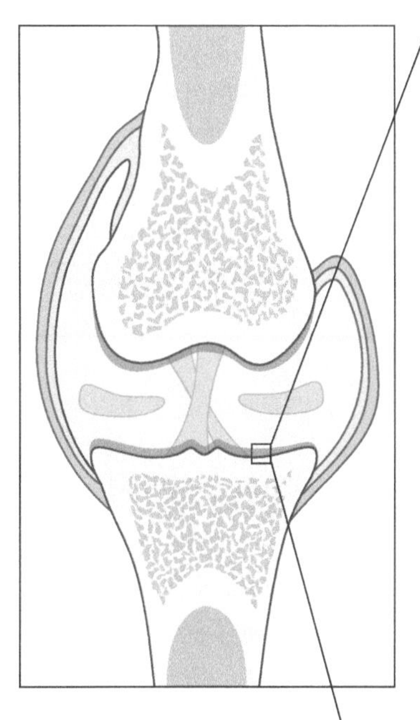

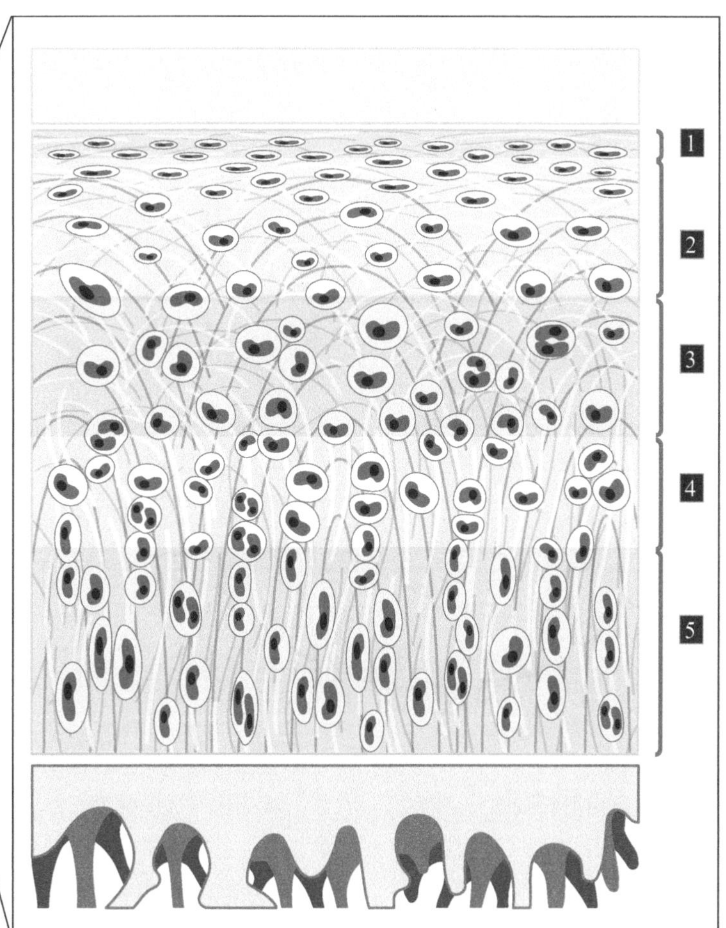

1.表面区域

由扁平的软骨细胞和胶原纤维组成，平行于关节腔面。

2.中间区域

由一层较低密度的椭圆形软骨细胞组成。

3.中心区域

含有聚集成群的圆形软骨细胞。由斜向排列的聚集蛋白聚糖和Ⅱ型胶原在这个区域合成。

4.深部区域

包括易于形成柱状结构的圆形软骨细胞。Ⅱ型胶原蛋白垂直于关节面。

5.钙化区域

由扁平、细长的软骨细胞组成并由其产生X型胶原蛋白，这些胶原蛋白将会变成纤维软骨，与软骨下骨一起吸收冲击。

关节软骨的组成

软骨内细胞少，无血管，淋巴管缺乏

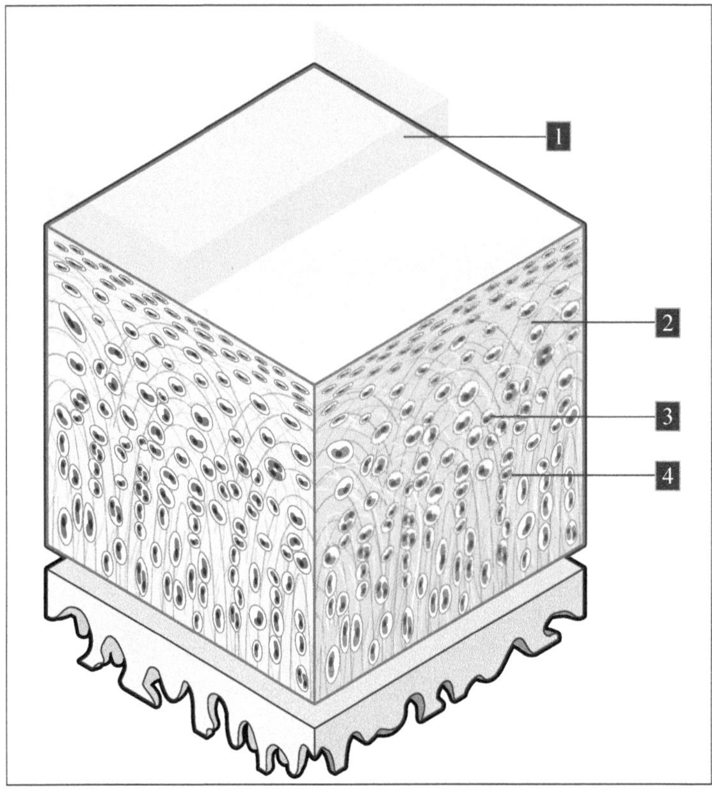

1.滑液

滑液是由滑膜细胞分泌产生的，主要成分之一是透明质酸，有黏性，可以润滑关节表面。透明质酸由*N*-乙酰氨基葡萄糖和葡萄糖醛酸组成。

2.细胞外基质

细胞外基质占软骨的95%，除了水（65%～75%）外，细胞外还含有胶原蛋白、蛋白多糖和糖蛋白。

Ⅱ型胶原蛋白为软骨的主要成分，是一种纤维蛋白，可预防软骨受力时破裂。

● 蛋白聚糖是亲水性碳水化合物，赋予软骨抗压强度。在透明软骨中，主要的蛋白多糖是聚蛋白多糖，它是由硫酸软骨素和硫酸角蛋白形成的。其他蛋白聚糖包括核心蛋白聚糖、二聚糖、纤维调节蛋白。

● 糖蛋白起着结合剂的作用，与软骨其他成分连接在一起。一些最有特色的糖蛋白是整合蛋白、纤维连接蛋白、血小板反应蛋白和软骨基质低聚蛋白（COMP）。

3.细胞

软骨细胞占软骨的5%，是软骨的细胞组成部分，通过产生胶原和蛋白多糖来维持细胞外基质的结构。它们通过糖蛋白（如整合素）与细胞外基质结合并占据腔隙。软骨细胞通过滑液扩散、氧化，并从糖酵解中获得能量（Cori循环）。它们的合成代谢和分解代谢受生长因子和整合素的调控。

4.纤维

它们主要由胶原蛋白组成。它们的组成和排列方向的不同可影响软骨对不同负荷的抵抗力。

胶原蛋白有许多种类，每一种胶原蛋白的组成各不相同：

① Ⅱ型胶原蛋白是其中最多的一种，含量占比高达80%，它可以抵抗重复的负载。

② Ⅵ型胶原蛋白含量不超过5%，有助于保证其黏附在软骨细胞上。

③ Ⅳ型胶原蛋白含量占比为15%。与聚蛋白多糖相结合。

④ Ⅹ型胶原蛋白含量占比为5%。在钙化区呈三维网络状分布。

⑤ Ⅵ型胶原蛋白含量占比为15%，协助软骨细胞产生Ⅱ型胶原蛋白。

以上是软骨中发现的最为典型的胶原蛋白；其实，在身体的不同部位有大约21种胶原蛋白。

关节软骨的改变

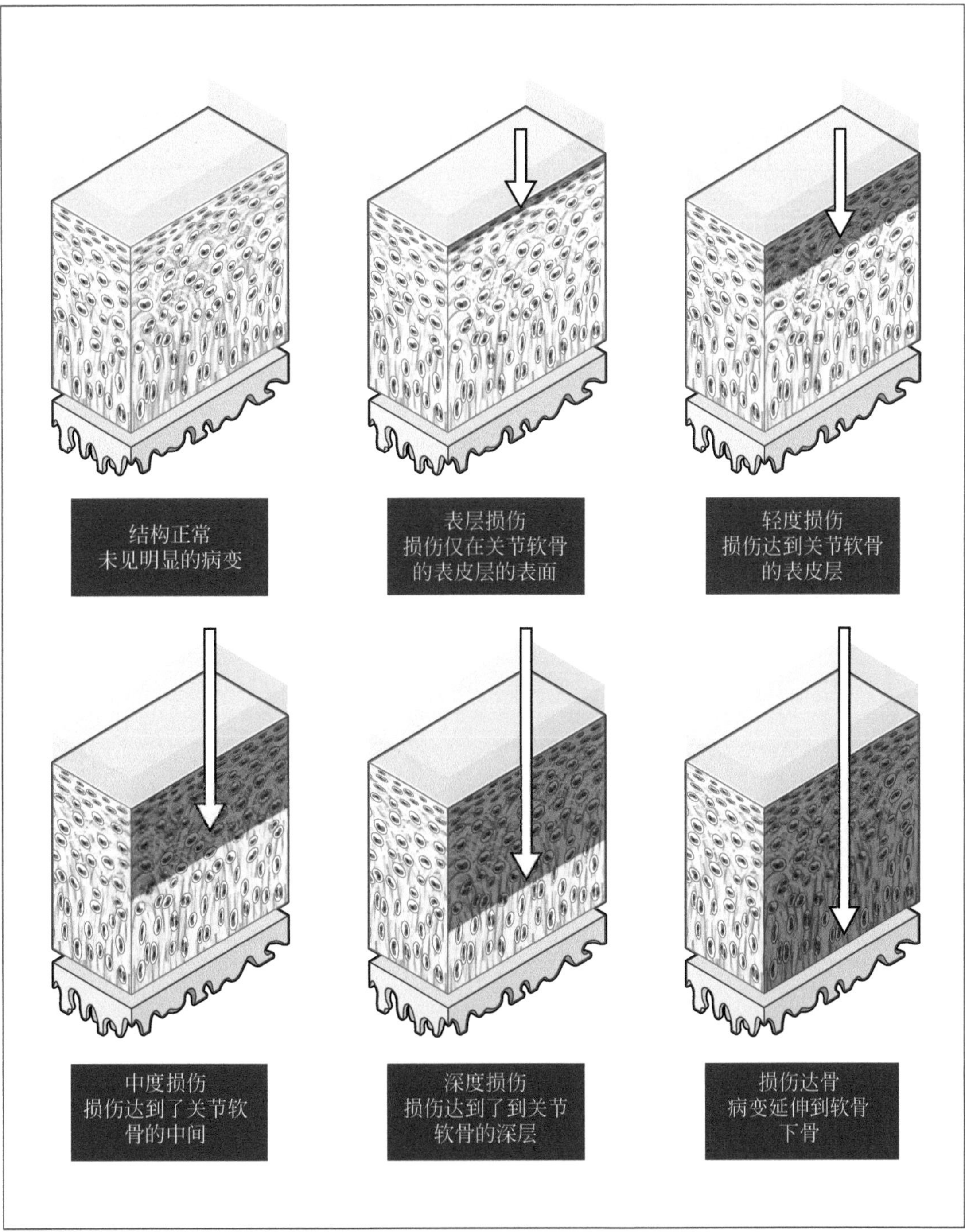
结构正常
未见明显的病变
表层损伤
损伤仅在关节软骨
的表皮层的表面
轻度损伤
损伤达到关节软骨
的表皮层
中度损伤
损伤达到了关节软
骨的中间
深度损伤
损伤达到了到关节
软骨的深层
损伤达骨
病变延伸到软骨
下骨

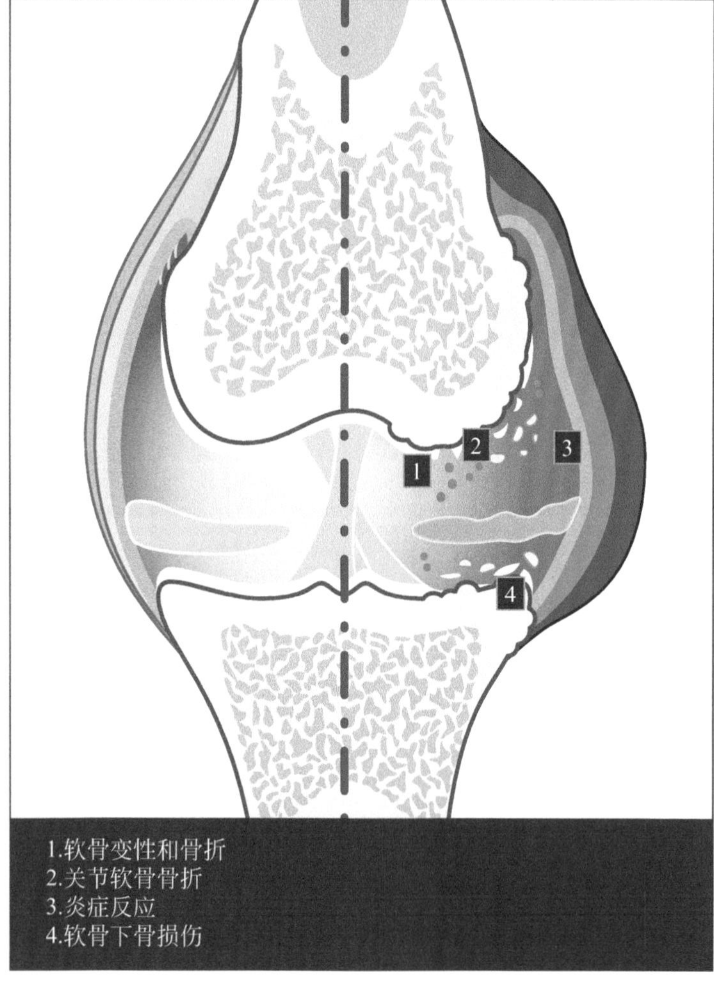

病变的细节

微损伤包括软骨细胞和细胞外基质同时损伤，以及刺激软骨细胞引起凋亡、胶原降解和蛋白多糖的丢失等。这些损伤疼痛不明显，因为该区域没有任何神经分布。

当软骨发生骨折时，会引起炎症反应，导致软骨细胞凋亡及软骨快速变性。由于软骨细胞不能迁移到受损区域帮助组织修复，最终导致关节表面的软骨缺失。

骨软骨骨折也包括了软骨下骨的损伤，这时会引起典型的炎症反应，如发热、局部充血潮红和疼痛。损伤部位通过骨髓细胞的迁移和生长因子的增加，出血产生的血肿被纤维组织取代；大约经过6～8周，组织在不断的修复过程中，发生软骨细胞、细胞外基质和蛋白多糖的数量增加；因为组织中包含更多的I型胶原纤维，与正常软骨相同的成分不同，损伤的修复更大程度上依赖于软骨内骨化。12个月后，残留组织的修复依赖于成纤维细胞。

软骨大的和微小的创伤性损伤本身修复能力不高，是由于附近软骨中的软骨细胞不能迁移到损伤部位并产生有助于再生或修复的新基质所致。

最后，软骨损伤部位在机械磨损和酶的降解混合作用下，其周围软骨的伤情不断恶化，最终导致骨关节炎的发生。

软骨创伤性疾病与治疗

不论现在和将来，治疗的最终目的是重建或修复受损部位的软骨，以恢复关节滑膜的功能。

骨髓刺激技术：如微骨折技术或打磨关节成形术，是对Pridie钻孔法的改进。软骨下骨板钻孔术是指对软骨下的骨板进行钻孔和表面打磨成型。这会引起局部出血，导致成纤维细胞和间质干细胞侵入受损区域，主要形成纤维组织帮助组织修复。

目前和以后的治疗方法介绍

临床上常常将几种技术结合在一起应用，常用的有以下几种：

- 外科手术和关节镜手术技术。
- 实验性程序。
  - 局部间质细胞内源性修复。
  - 细胞疗法。
  - 分离细胞：自体软骨细胞植入（ACI）。
  - 胶原覆盖的自体软骨细胞植入（CACI）。
  - 自体软骨细胞植入（MACI）。
  - 组织工程。

外科手术

目前的手术方式可分为以下几类：

- 修复技术。
  - 关节镜清创。
  - 软骨下骨微骨折。
- 替代技术。
  - 骨软骨移植。
  - 骨软骨同种异体。
  - 髌骨移植。
  - 合成圆柱体形移植物。
  - 用假体材料对骨软骨缺损进行覆盖。

自体骨软骨移植物的移植指从身体其他承受负荷较低的区域获取圆柱形骨软骨移植物，然后将其植入受损区域。这种手术对软骨缺损面积2～3厘米²及以下的疗效较好。

同种异体骨软骨移植使用从小软骨组织中分离的自体软骨细胞，并在实验室中培养。然后将其植入受损区域，在被修复区域边缘缝合的骨膜下的皮瓣下。这项技术能促进软骨愈合。

半月板部分或全部切除术后，半月板的缺失可通过半月板部分置换或异体半月板移植来治疗，手术一般分两步进行。

详细的实验程序

- 硫酸软骨素可降低关节软骨的损害，减轻对软骨下骨的损伤。硫酸软骨素和葡萄糖胺均可通过消化道吸收。
- 糖皮质激素可通过注射给药，但其作用是有限和短暂的，它的主要作用是限制软骨细胞的增殖和外基质的合成，包括胶原蛋白和蛋白多糖的合成。而非甾类抗炎药对软骨的保护作用不显著，如扑热息痛就是这样。
- 细胞外基质的金属蛋白酶（MMP）抑制剂对锌有依赖性。
- 生长因子具有强烈的合成代谢作用。
- 细胞因子的抑制剂仍在研究中，但已展示出较好的前景。
- 关节软骨置换物和植入物也处于试验阶段。
- 细胞外基质可用碳纤维或聚合物来代替，同时可与细胞或生长因子一起植入。

病灶范围在2～3cm^{2}及以下，骨软骨移植效果最好。

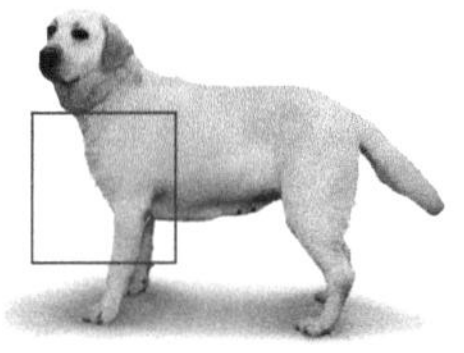

前肢成骨

骨突起和骨骺骨化中心	骨化中心出现的时间 / 天	骺线与骺端植骨融合的时间 / 月
肩胛骨		
关节窝的结节	49 ～ 65	5 ～ 6
肱骨		
肱骨近端骺	14 ～ 16	10.5 ～ 12
内上髁	49 ～ 65	
外侧上髁	14 ～ 22	5.5 ～ 6.5
髁	21.43	5.5 ～ 6.5
桡骨		
近端骨骺	28 ～ 43	9 ～ 11
远端骨骺	14 ～ 29	9 ～ 11
尺骨		
尺骨近端骨骺	49 ～ 72	6.5 ～ 9.5
尺骨远端骨骺	49 ～ 65	9 ～ 11
腕骨		
径向腕骨	28 ～ 29	4 ～ 5
中桡间腕骨	16 ～ 22	4 ～ 5
中央腕骨	28 ～ 36	4 ～ 5
尺骨腕骨	28 ～ 36	4 ～ 5
副腕骨	14 ～ 16	4 ～ 5
副腕骨关节突	49 ～ 72	4 ～ 5
第一个腕骨	21 ～ 29	4 ～ 5
第二个腕骨	28 ～ 36	4 ～ 5
第三腕骨	28 ～ 36	4 ～ 5
第四腕骨	21 ～ 29	4 ～ 5
掌骨		
第一掌骨近端骨骺	49 ～ 57	5.5 ～ 6.5
第三掌骨远端骨骺	28 ～ 36	6.5 ～ 7.5
指骨		
指骨近端骺	28 ～ 65	5.5 ～ 6.5
第三指骨近端骨骺	28 ～ 43	5.5 ～ 6.5
第三指骨内侧近端骨骺	28 ～ 65	5.5 ～ 6.5
籽骨		
籽骨近端	63 ～ 92	
背侧籽骨	91 ～ 141	
指外伸肌的籽骨	120	

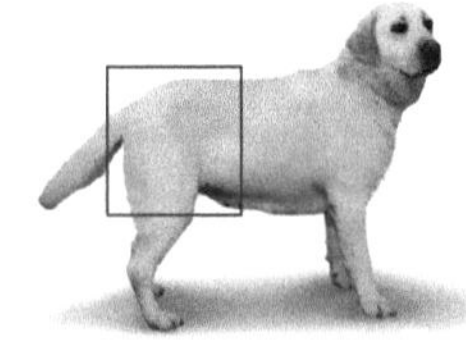

骨盆与后肢骨化

隆起和骨骺骨化中心	骨化中心出现（以天为单位）	骺线与骺端植骨融合（月）
骨盆骨		
髂骨		5 ~ 6
坐骨		5 ~ 6
耻骨		5 ~ 6
髋臼	49 ~ 85	5 ~ 6
坐骨结节	50 ~ 85	10 ~ 11
髂嵴	120 ~ 141	
骨盆联合	147 ~ 197	
坐骨弓	141 ~ 173	10 ~ 12
股骨		
股骨头	14 ~ 29	11 ~ 12
大转子	35 ~ 50	11
小转子	35 ~ 78	11 ~ 12
股骨远端骨骺	14 ~ 22	11
胫骨		
胫骨近端骨骺	14 ~ 22	11 ~ 12
胫骨粗隆	49 ~ 78	11 ~ 12
内踝	77 ~ 92	4 ~ 5
胫骨远端骨骺	14 ~ 29	85 ~ 11
腓骨		
腓骨近端骺	49 ~ 72	10 ~ 12
腓骨远端骨骺	35 ~ 43	10 ~ 12
跗骨		
跟骨突	49 ~ 65	6.5 ~ 7.5
中央跗骨	14 ~ 22	
第一个跗骨	36 ~ 49	
第二个跗骨	29 ~ 36	
第三跗骨	21 ~ 35	
跖骨		
第一跖骨	49 ~ 78	
跖骨远端骺Ⅱ-Ⅴ	29 ~ 36	7 ~ 8
趾骨		
第三趾骨近端骨骺	35 ~ 43	6.5 ~ 7.5
第三趾骨近端骨骺	35 ~ 57	6.5 ~ 7.5
籽骨		
髌骨	49 ~ 85	
腓肠肌籽骨.	91 ~ 100	
杨骨的籽骨.	126 ~ 169	
籽骨近端	63 ~ 92	
背侧籽骨	126 ~ 169	

关节、滑膜的特征

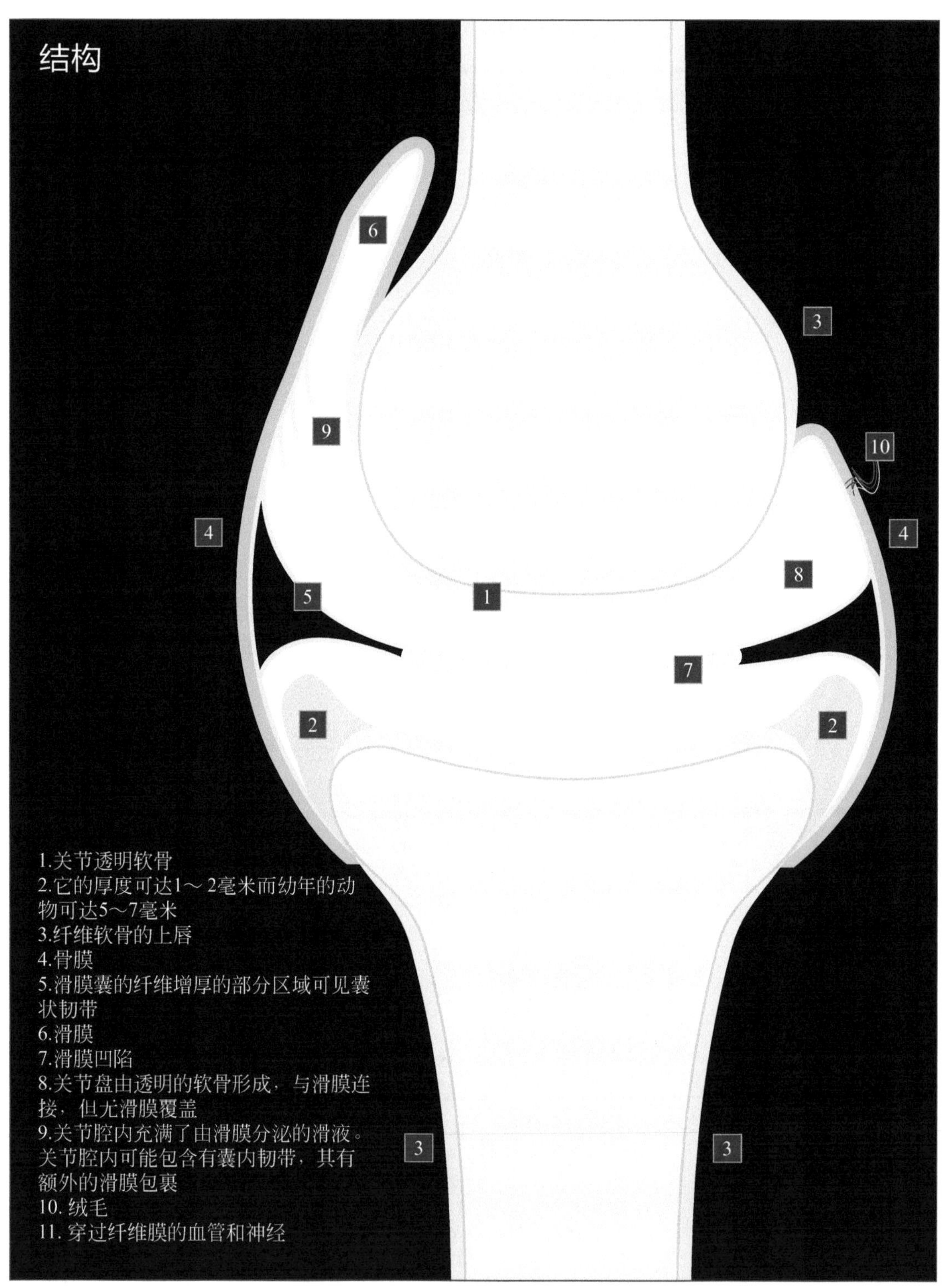
结构
6
3
9
10
4
4
8
5
1
7
2
2
1.关节透明软骨
2.它的厚度可达1～2毫米而幼年的动物可达5～7毫米
3.纤维软骨的上唇
4.骨膜
5.滑膜囊的纤维增厚的部分区域可见囊状韧带
6.滑膜
7.滑膜凹陷
8.关节盘由透明的软骨形成，与滑膜连接，但尤滑膜覆盖
9.关节腔内充满了由滑膜分泌的滑液。关节腔内可能包含有囊内韧带，其有额外的滑膜包裹
10. 绒毛
11. 穿过纤维膜的血管和神经
3
3

滑液

滑液是血浆的透析液，由滑膜的特殊细胞分泌而成。

这种分泌物主要包括透明质酸和氨基葡萄糖，这些化合物是由滑膜细胞（即骨内膜细胞）合成的。滑液内不含纤维蛋白原，不能自然凝结成块。

滑液的颜色呈透明或淡黄色，黏度高，无臭。

功能

- 为关节提供营养。
- 清除细胞代谢的废物和碎片。
- 润滑关节和为关节减震。

滑液分析

为诊断滑液是否有异常，可进行以下分析

- 物理特性：
  浊度和颜色
  折射率
  密度
  黏度
  体积
  纤维蛋白的存在
  pH
- 化学特性：
  酶：LDH，酸性磷酸酶，碱性磷酸酶
- 蛋白酶：
  总蛋白，白蛋白和球蛋白
  葡萄糖和黏多糖
  黏蛋白凝固
  蛋白氨基聚糖和糖氨基聚糖
  尿素
  透明质酸
  离子
  前列腺素
- 微生物：
  需氧菌和厌氧菌的培养和鉴定
- 免疫：免疫球蛋白
- 细胞学：细胞总数，红细胞和白细胞
  上皮细胞
- 无机元素：晶体

滑液的流动（分泌）

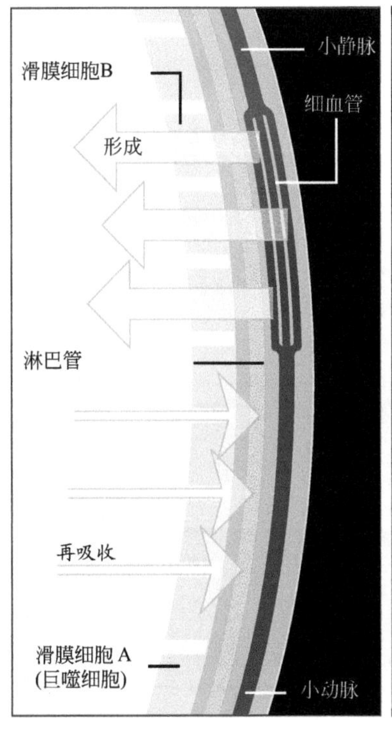

犬关节滑膜液的正常值和主要特征	
体积 /ml	0.01 ~ 1
颜色	浅黄色，部分透明
黏蛋白 /（g/dl）	良好（凝块）0.3 ~ 0.5
纤维蛋白	不存在
白细胞 /mm^3	500
总蛋白 /（g/dl）	1.8 ~ 4.8
密度	1.010 ~ 1.015
pH	7 ~ 7.8
黏稠度	凝胶状的，黏性
红细胞 /mm^3	0 ~ 320
乳酸脱氢酶 /（U/L）	88（50 ~ 109）
淋巴细胞 /%	44 ~ 48
嗜中性粒细胞 /%	3 ~ 5
单核细胞 /%	40 ~ 55
嗜碱粒细胞 /%	5 ~ 6
嗜酸性粒细胞 /%	1

头与躯干

头部的关节

下颌间隙

下颌关节

脊柱关节

椎间关节

椎间盘

寰枕关节

寰枢关节

脊椎和肋骨之间的关节

肋横突关节

胸骨与关节

胸肋的关节

胸锁关节

胸廓关节

肋骨的关节

骨盆的关节

骶髂关节

自我评估

下颌骨间联合

关节

在下颌弓部位，两根下颌骨体关节面相接触形成下颌间关节：

- 下颌弓左下颌骨体的正中平面
- 下颌弓右下颌骨体的正中平面

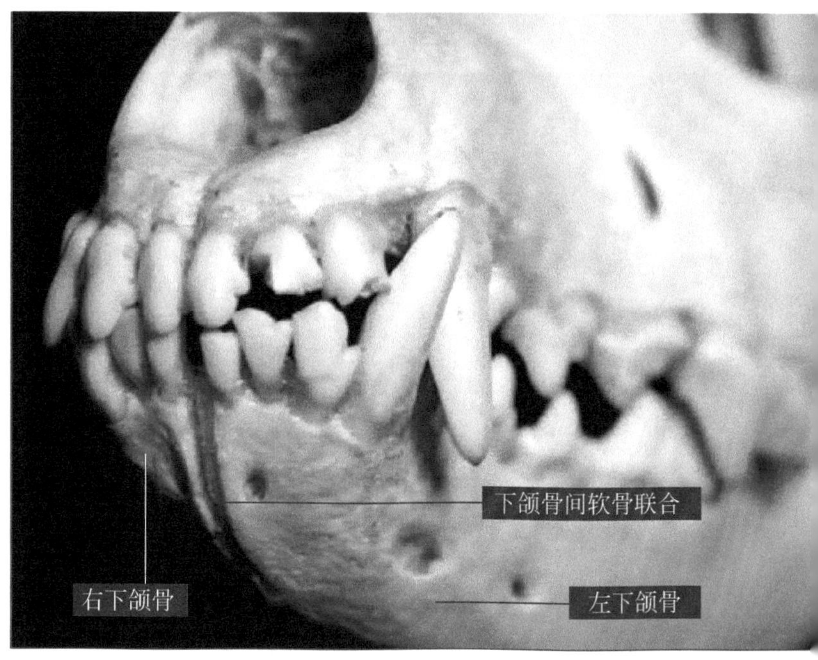

解剖结构和运动

关节表面扁平而不光滑，有利于连接得更坚实，且关节的纤维软骨不会骨化。

该关节为不动关节，使两个下颌骨永久地连接在一起，形成完整的一根骨头，这对于正常的咀嚼运动很重要。

关节类型

这是一个软骨结合形成的关节，结构上没有滑膜囊，骨头由纤维和软骨组织相连接。

软骨结合

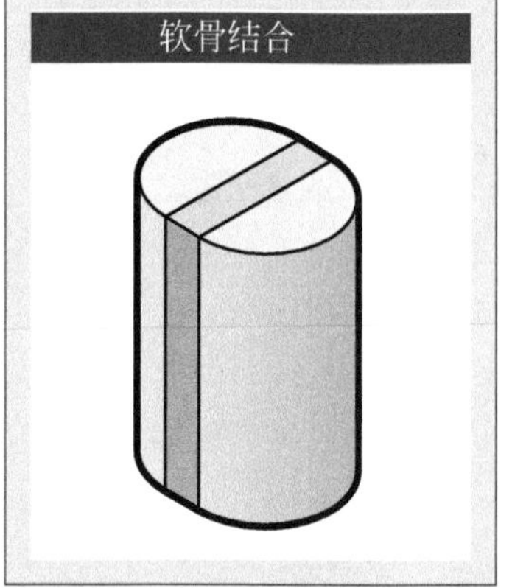

下颌间关节骨关节面

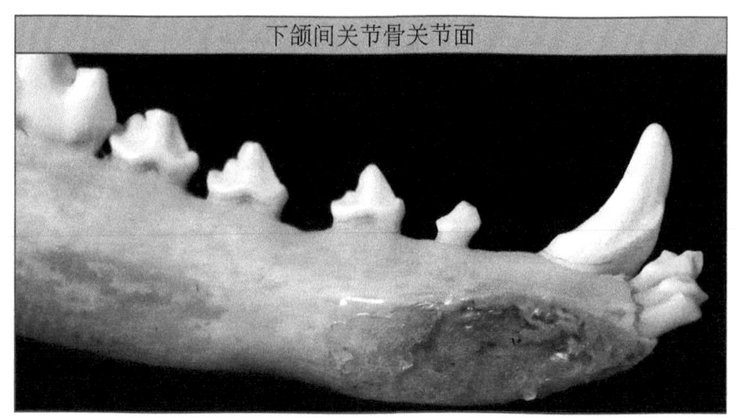

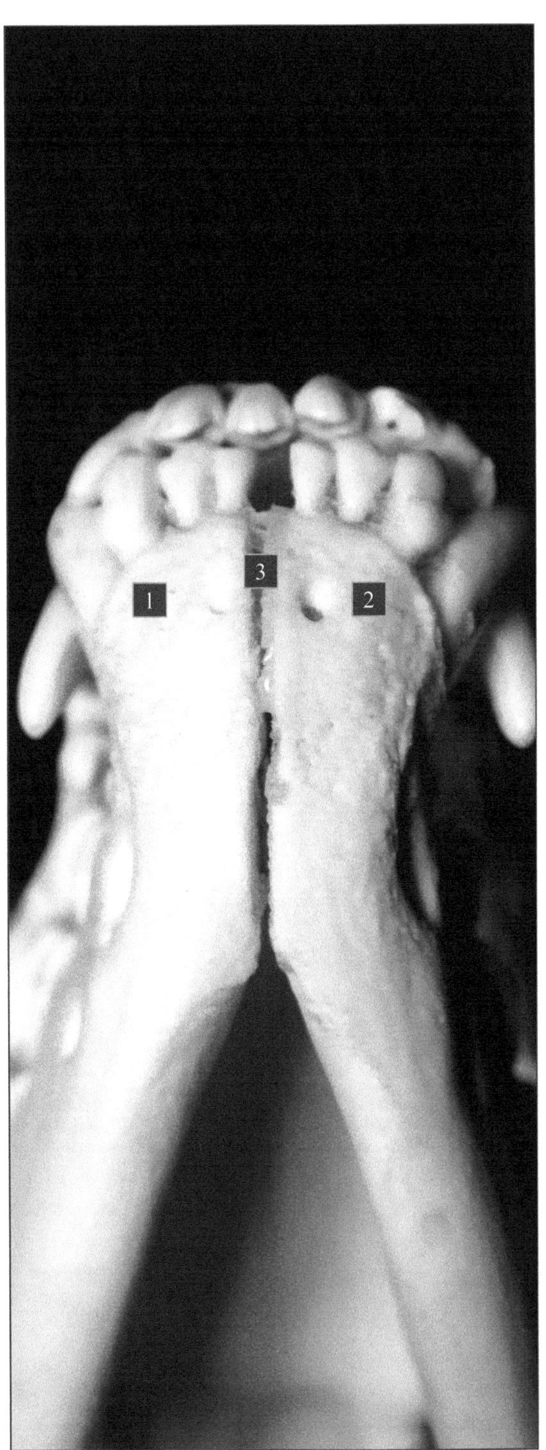

下颌骨间关节的骨学

1.右下颌骨牙槽弓
2.左下颌骨牙槽弓
3.下颌间软骨组织线

该部分骨折通常是因为面部受到打击引起软骨组织的分离而发生的。

头部的腹侧位X光片

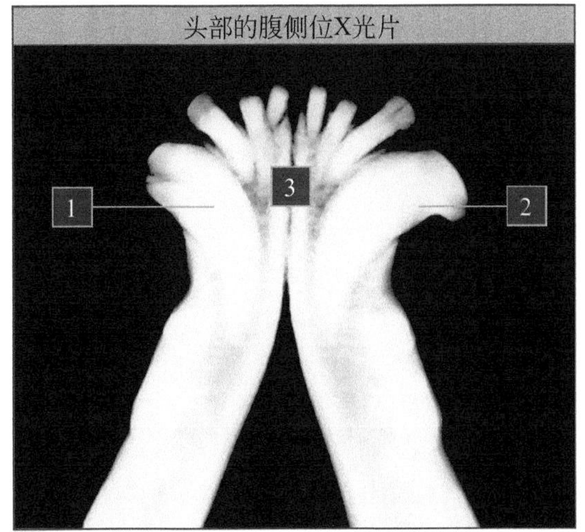

头部的背腹位

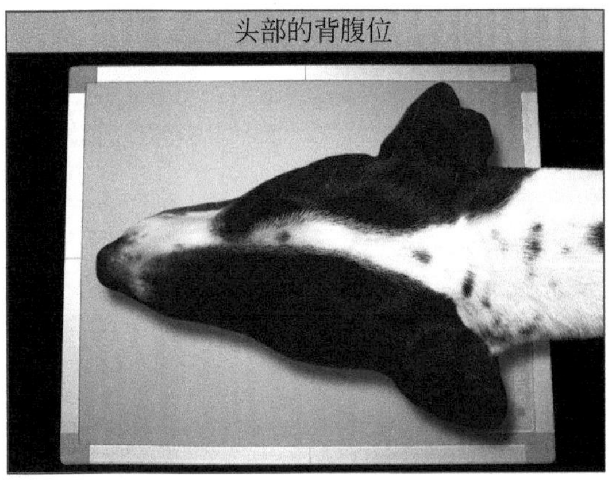

下颌关节

关节

在颞部下颌区，两根骨头接触：

- 下颌骨支的髁状突与颞骨鳞状部分的关节面，形成可供嘴巴开张和闭合的活动关节

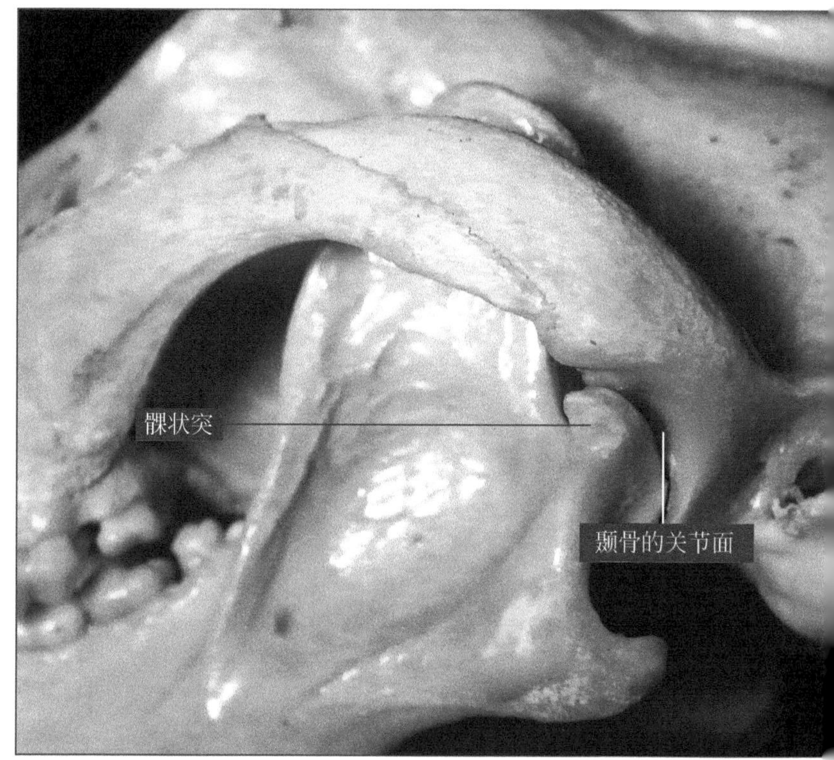

关节类型

属于滑膜关节，关节盘把它分成两部分：

- 关节背侧滑液腔位于颞骨和关节盘之间；
- 腹侧滑液腔位于关节盘和下颌髁突之间。

髁关节

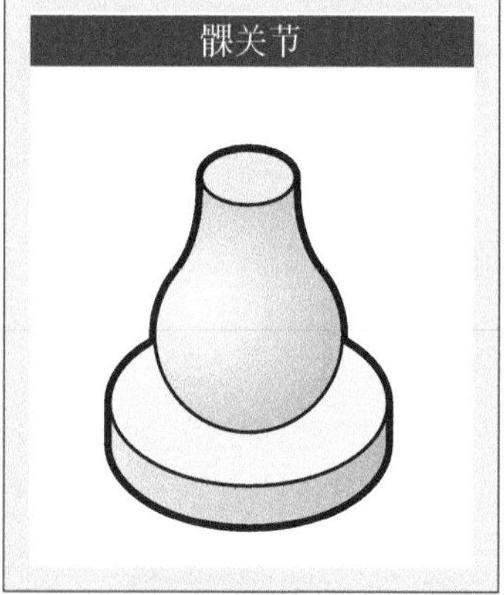

结构和运动

下颌骨参与构成关节的部分称为髁状突。下颌关节的运动形式为咬合和张开。关节的髁状突为旋转的轴。

关节咬合

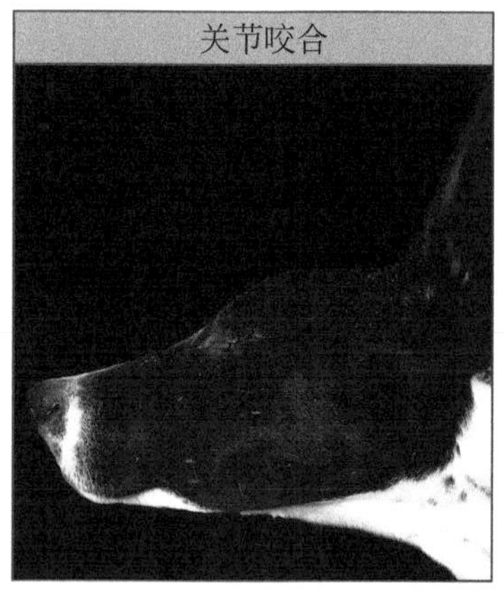

关节开张

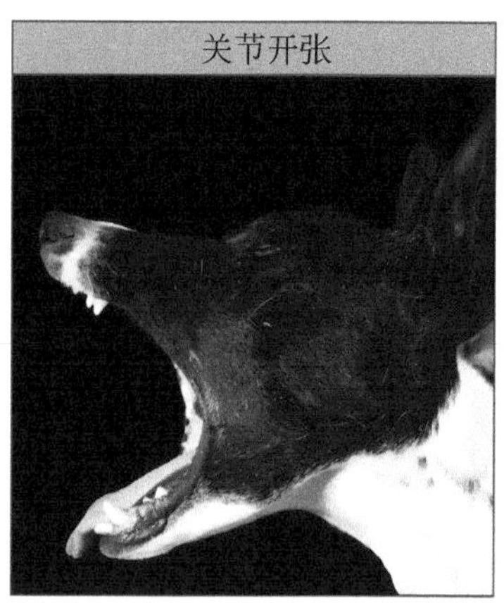

下颌关节的骨学

1.下颌骨髁状突的颈部
2.关节结节
3.下颌窝
4.关节后突
5.下颌骨支髁状突
6.角状突

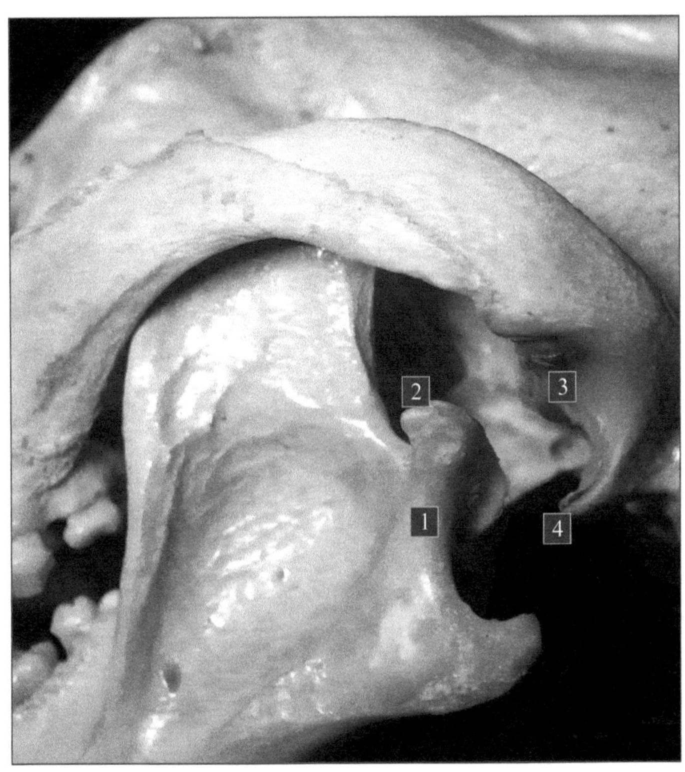

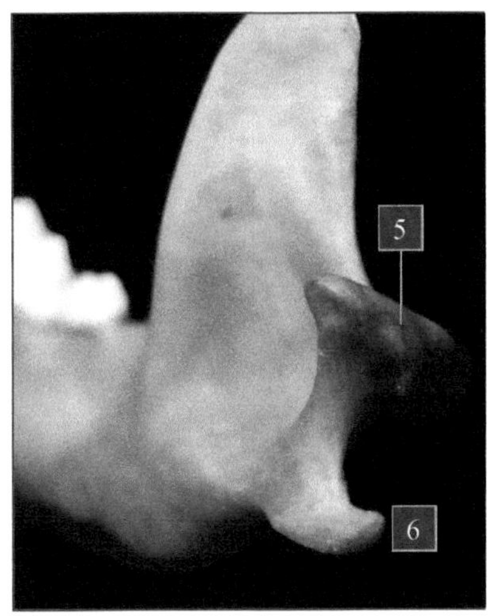

如果关节后突发育良好，有助于预防关节尾部脱位

颞下颌区的侧位X线片

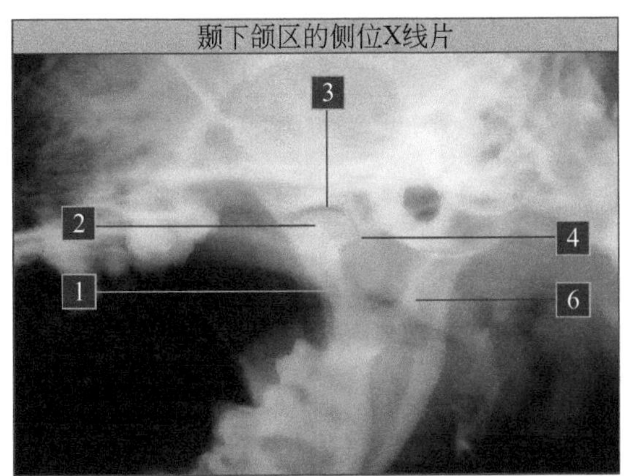

头部外侧位

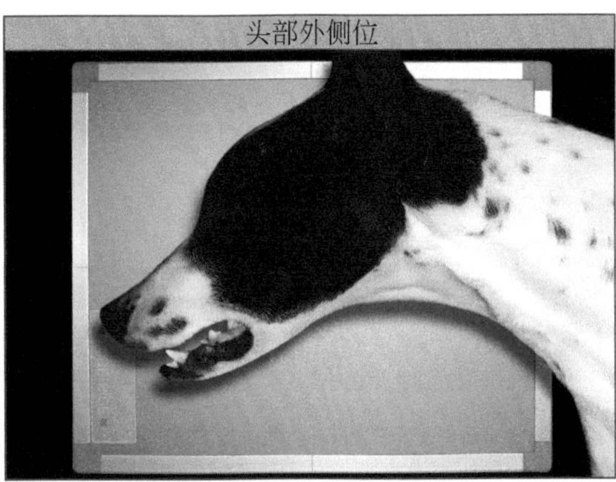

关节组成

关节囊

关节囊覆盖整个关节，但是在关节盘将其分隔成两个独立的腔室，尾部有扩张。

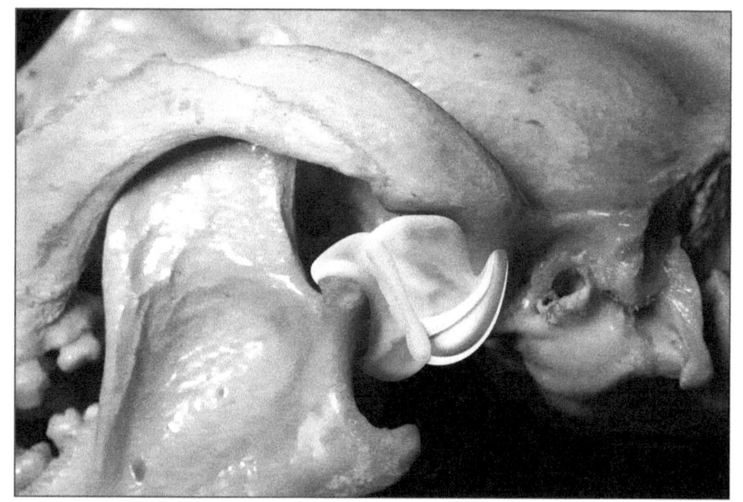

韧带

有位于关节囊尾侧表面的侧韧带；连接颞骨关节面的关节后隆起和下颌骨颈部的尾韧带。

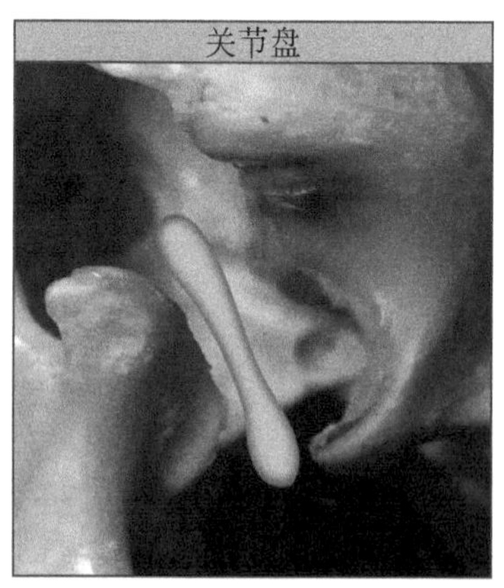
关节盘

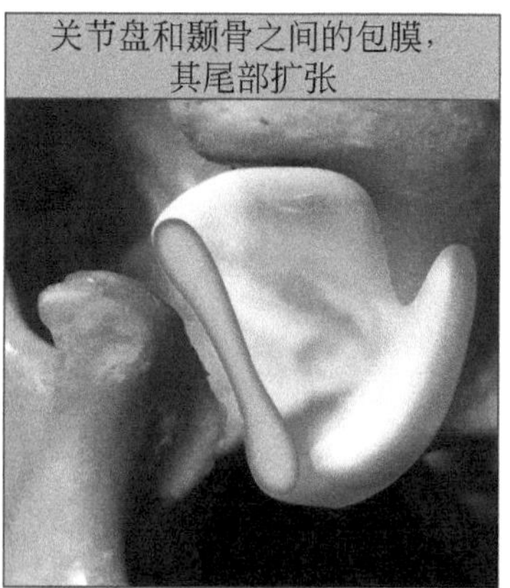
关节盘和颞骨之间的包膜，其尾部扩张

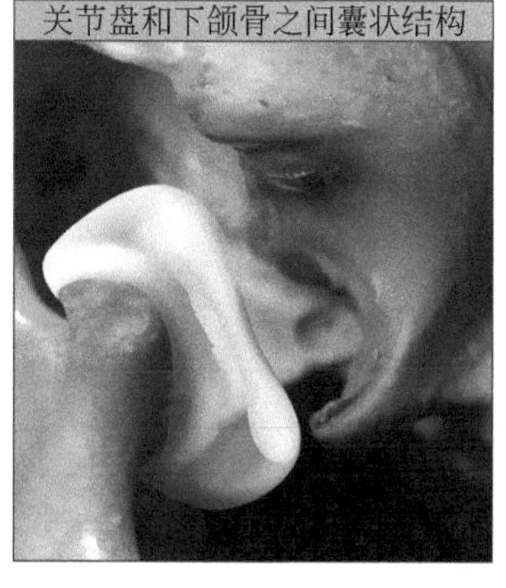
关节盘和下颌骨之间囊状结构

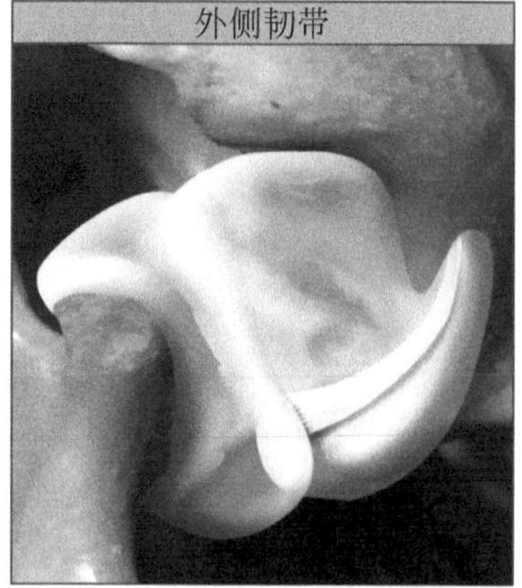
外侧韧带

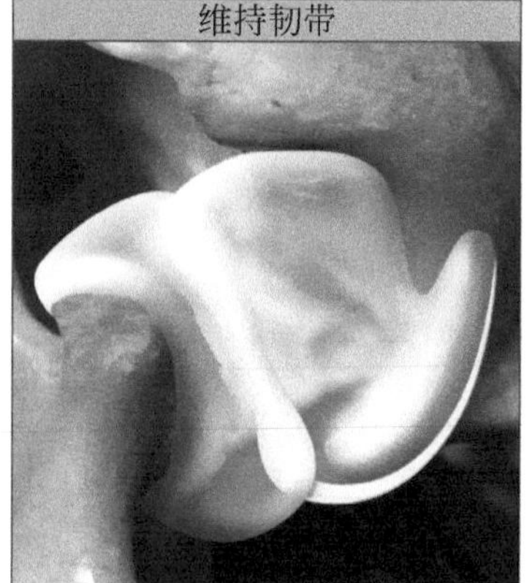
维持韧带

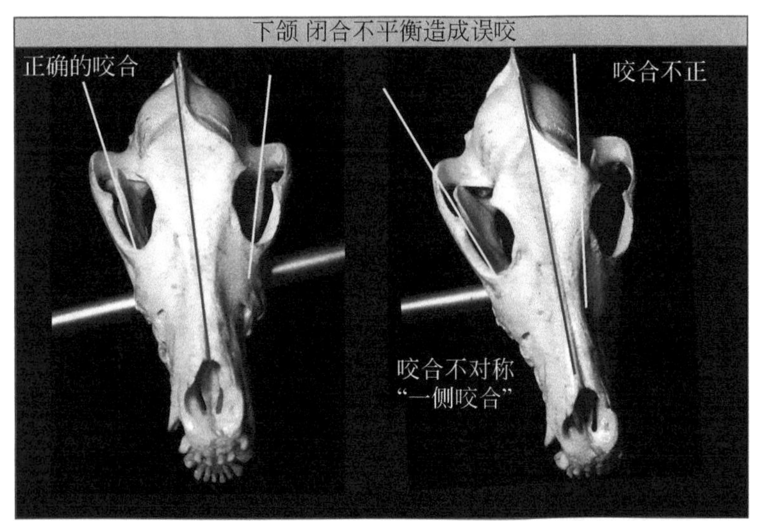

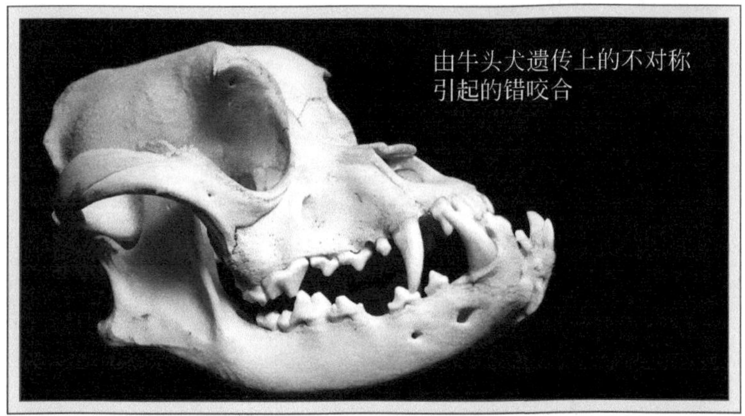

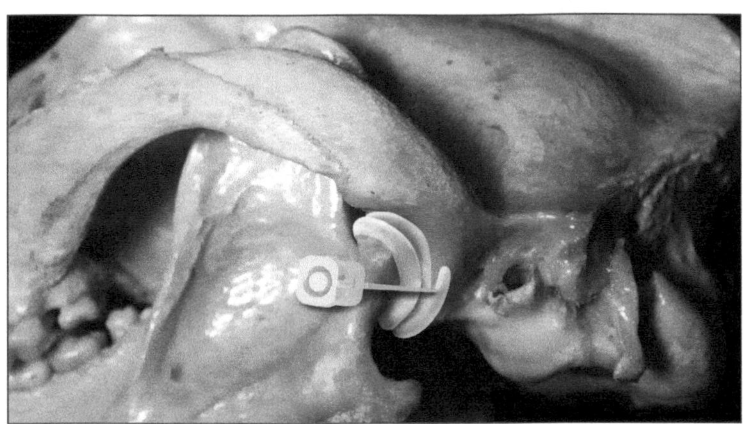

临床注意事项

此关节可出现侧方脱位，由于没有尾韧带来制止其向前移位，而关节后突的发育也导致不能向尾侧移位。

脱位是因牙齿有缺陷、咬合错位（错咬合）而引起的。

症状

动物表现不适、疼痛，以及上下颌不正确的咬合。

诊断

- 上下颌错位畸形是比较容易观察到的，触诊颞下颌关节可发现捻发音和关节咬合不正。
- 引起咬合错位的异常结构通过X光可以证实。

关节穿刺术

可对滑膜囊尾部的小膨大处进行关节穿刺。触诊根据髁突来定位，从髁状突的尾侧和腹侧垂直处进针。

脊柱关节

椎间关节

椎间大多数关节的联合均以椎间盘的形式出现，还有一些关节为滑膜关节，这在下面每个具体案例中都有详细介绍。

寰椎关节

为滑膜关节（对），没有椎间盘，呈髁状样方式运动。

寰枢关节

为滑膜关节，没有椎间盘，呈滑车样方式运动。

骶关节

椎间关节：为骨与骨之间相融合而失去活动能力的椎间关节

尾椎骨或尾椎骨关节

尾椎骨没有骨性突起，椎间关节常以韧带连接。

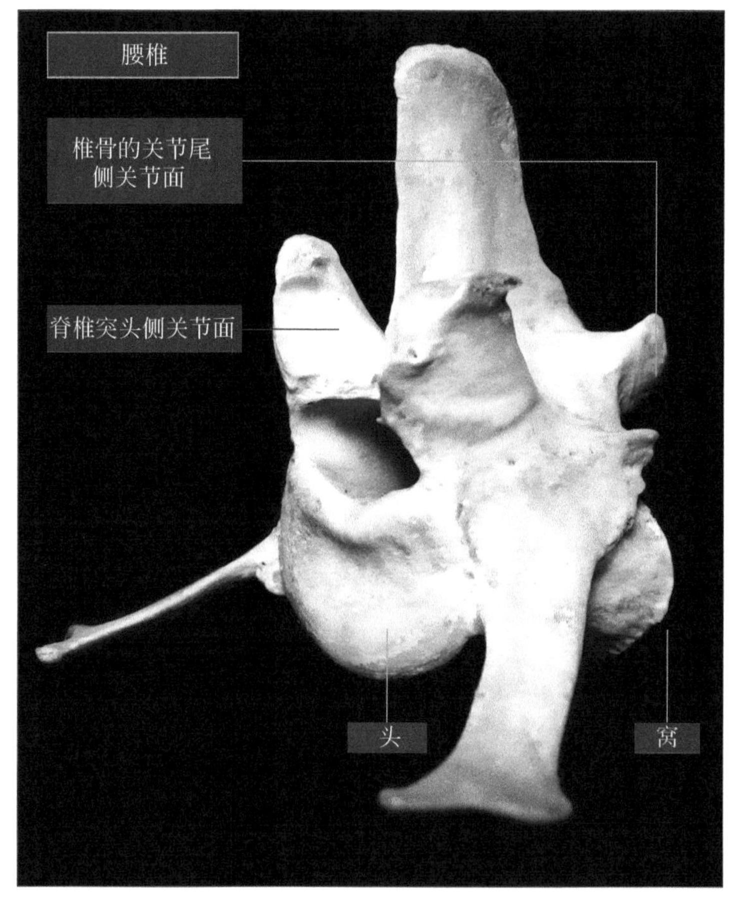

关节类型

上述滑膜型关节的功能如下：

- 滑车状关节——寰枢椎关节
- 髁状关节——寰枕椎关节

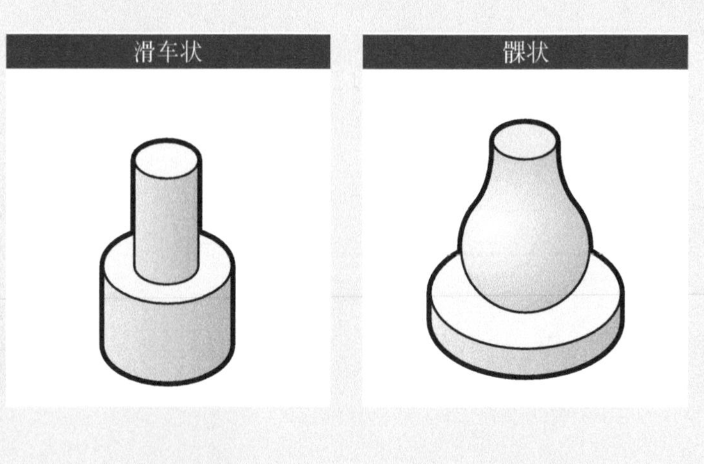

解剖结构与运动

椎间关节只能做小幅度的运动，这一系列运动结合在一起，可使躯干弯曲，而尾翼部位可运动幅度比较大。

寰枕关节可以进行屈伸运动（即点头说“是”的关节活动）。它们有两个凸出面，均起着滑车样作用。

寰枢关节还可进行旋转运动（即摇头说“不”的关节活动），像枢轴关节那样的运动方式。

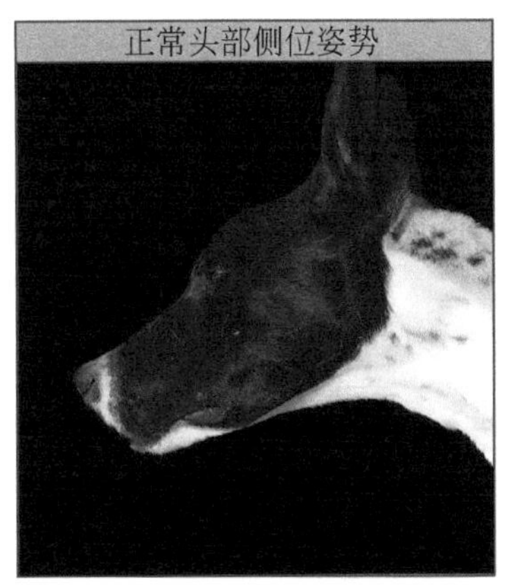
正常头部侧位姿势

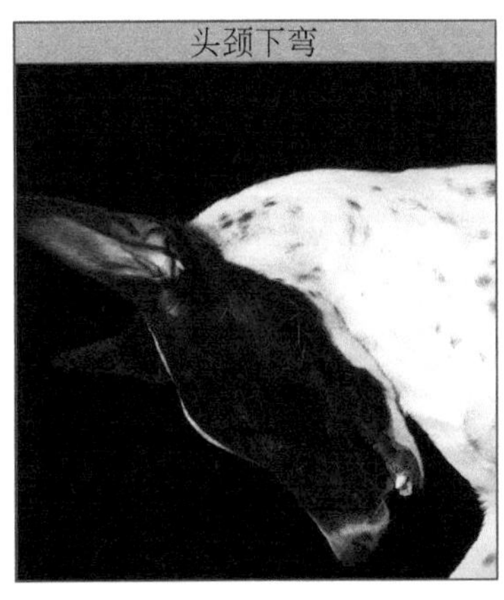
头颈下弯

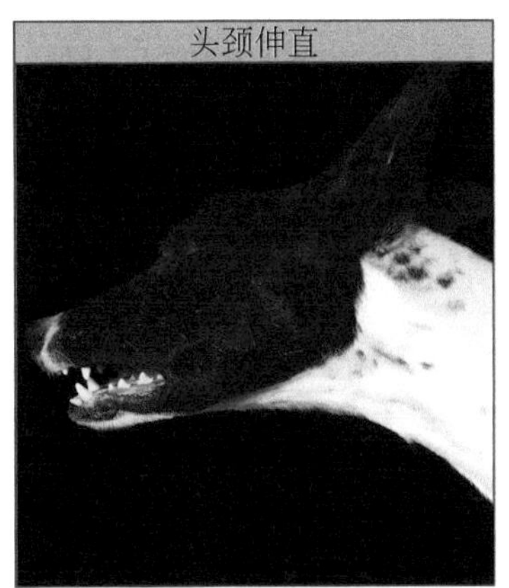
头颈伸直

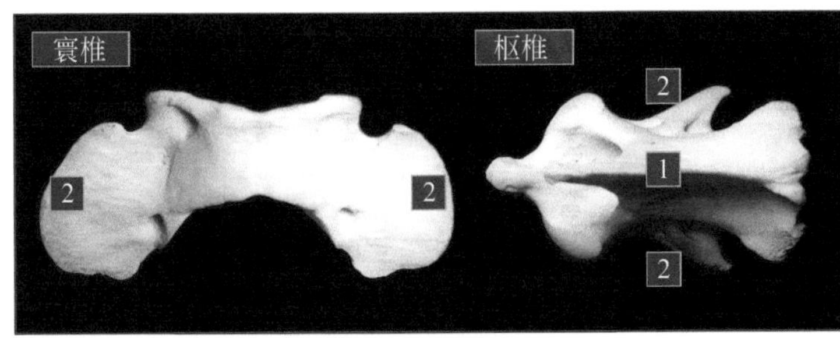

脊柱关节的骨骼学

1. 棘突
2. 横突
3. 乳头状突
4. 头侧关节突
5. 副突
6. 尾侧关节突

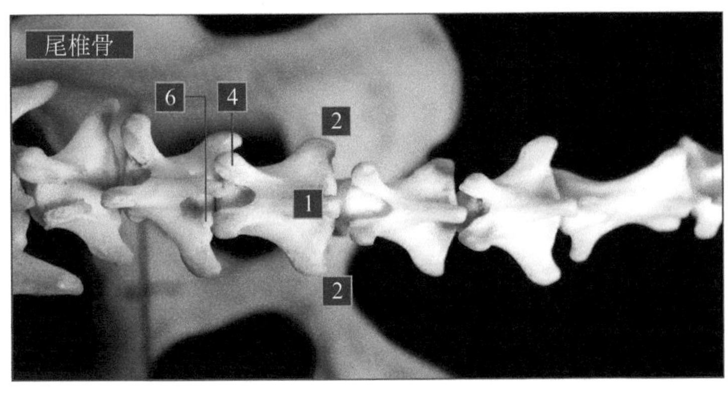

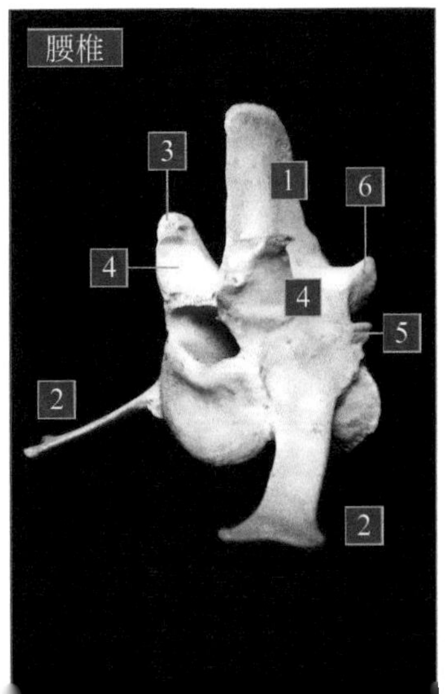

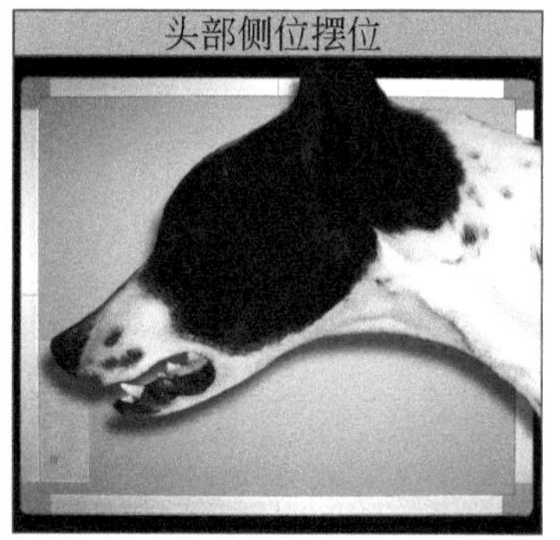
头部侧位摆位

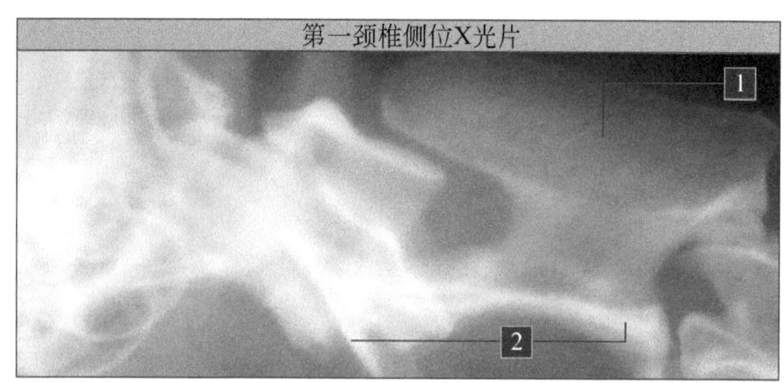

第一颈椎侧位X光片

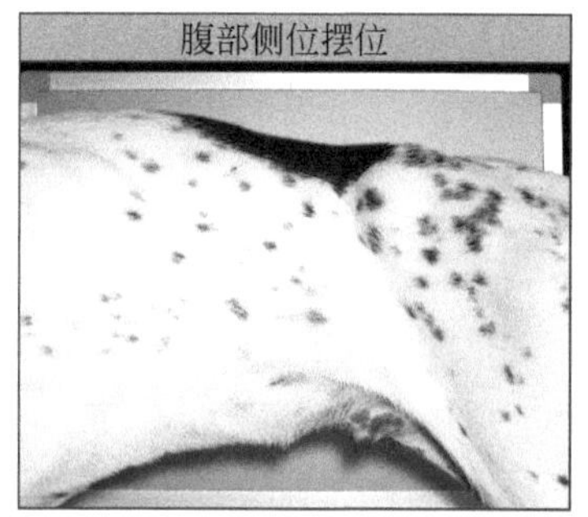
腹部侧位摆位

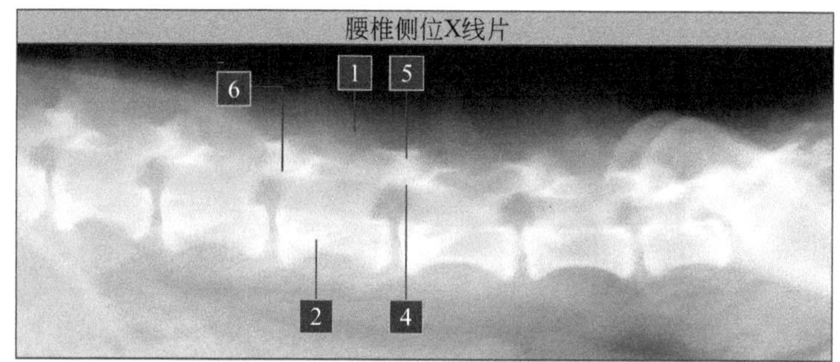

腰椎侧位X线片

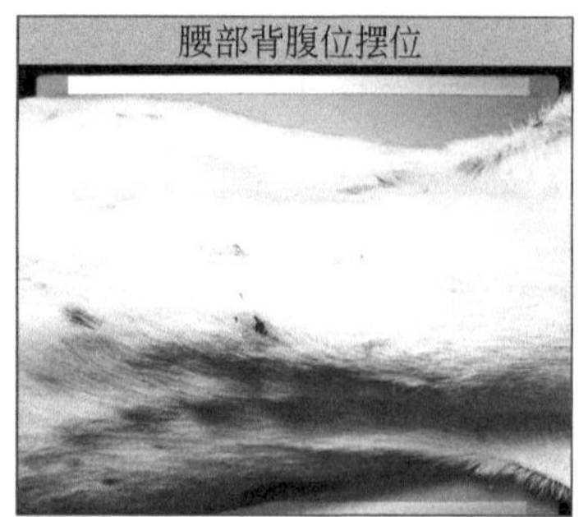
腰部背腹位摆位

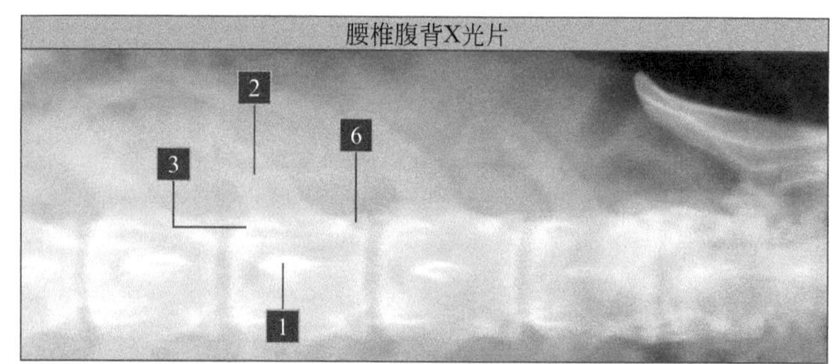

腰椎腹背X光片

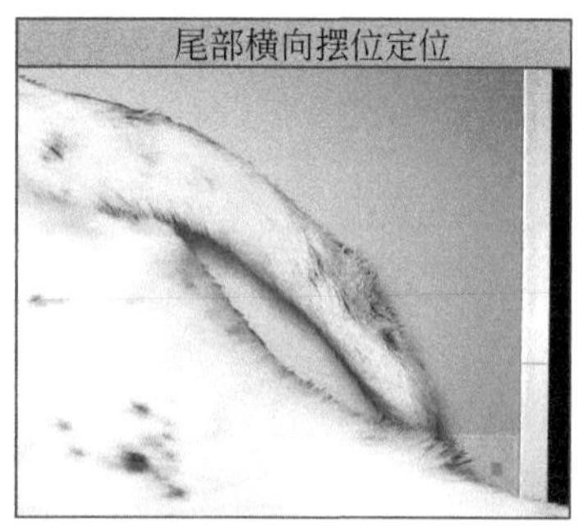
尾部横向摆位定位

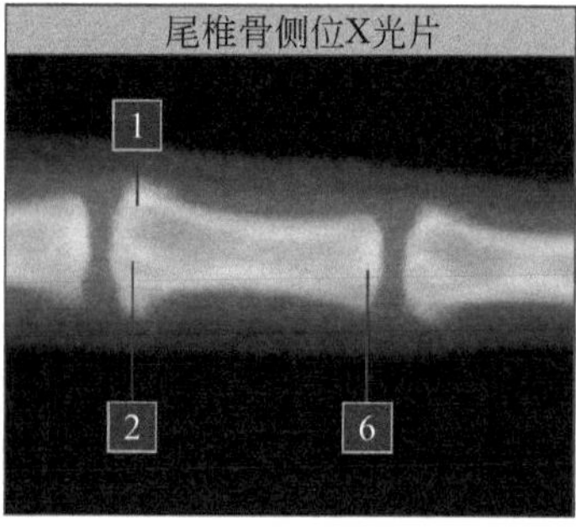

尾椎骨侧位X光片

椎体关节的骨骼学

1. 棘突
2. 横突
3. 乳状突
4. 颅侧关节突
5. 副突
6. 尾侧关节突

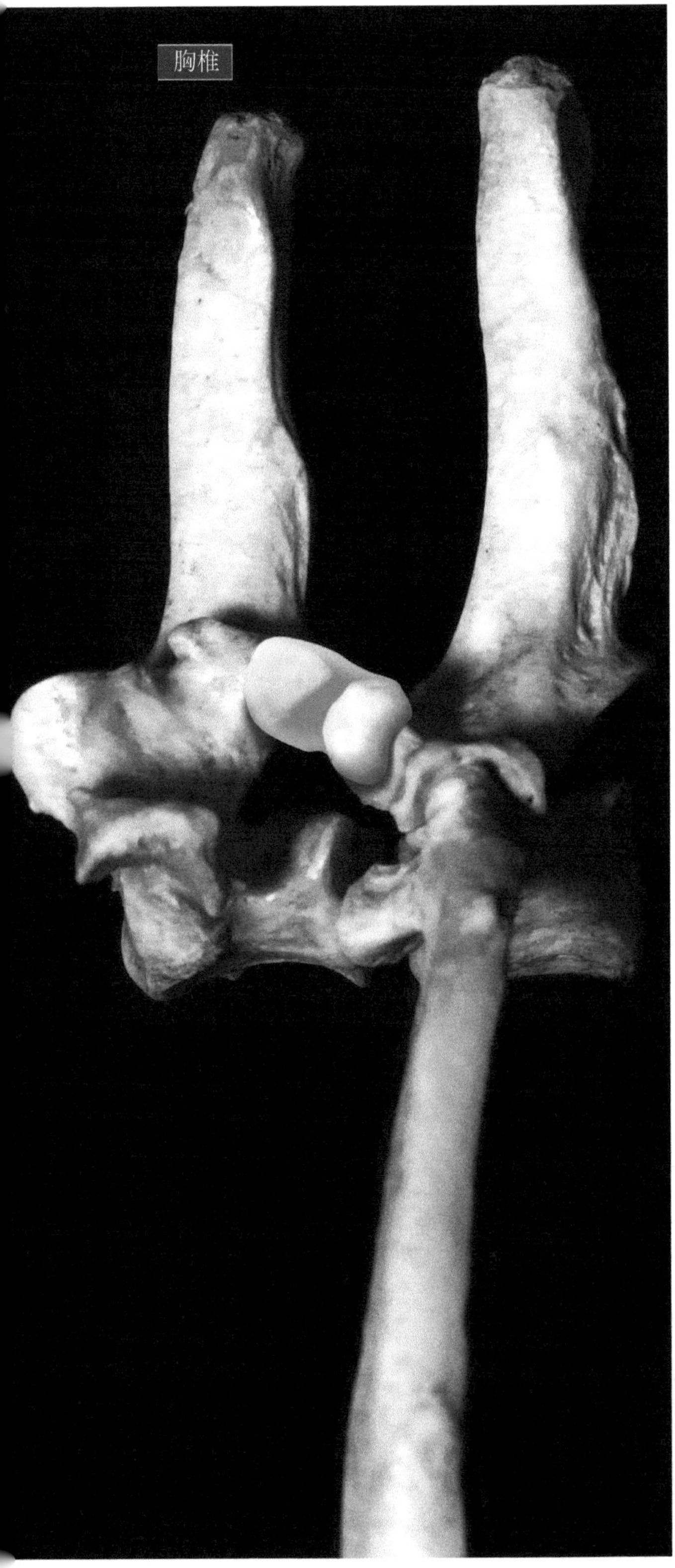

胸椎

关节组成

关节囊

相邻椎骨头侧和尾部关节突之间以滑膜关节相连接，关节外形较小，数量多。

相关的肌肉

犬的颈长肌有位于左部和右部的两条，它们相互结合在一起形成腹侧纵向韧带（见下页，位于颈部及前6节胸椎）。

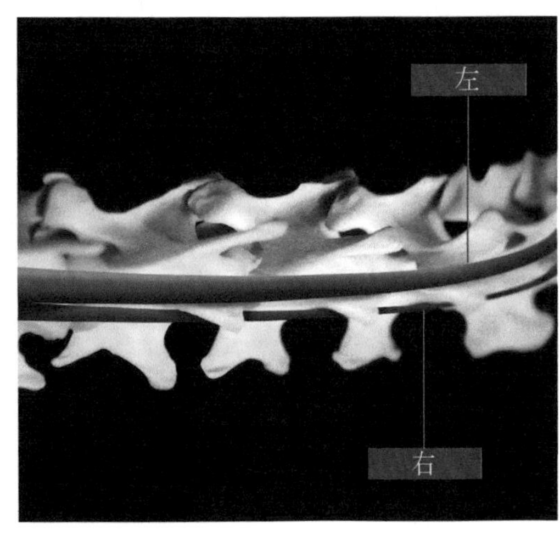

韧带

韧带的功能就是约束和稳定椎间关节：

1.棘上韧带

2.棘突间的韧带，位于胸段椎体棘突之间，通常腰部无分布。

3.背部纵韧带，可同时强化椎间盘对关节的连接作用。

4.腹侧纵韧带，可强化椎间盘对关节的连接作用。

5.黄韧带呈黄色主要由于含有较多的弹性纤维结缔组织。

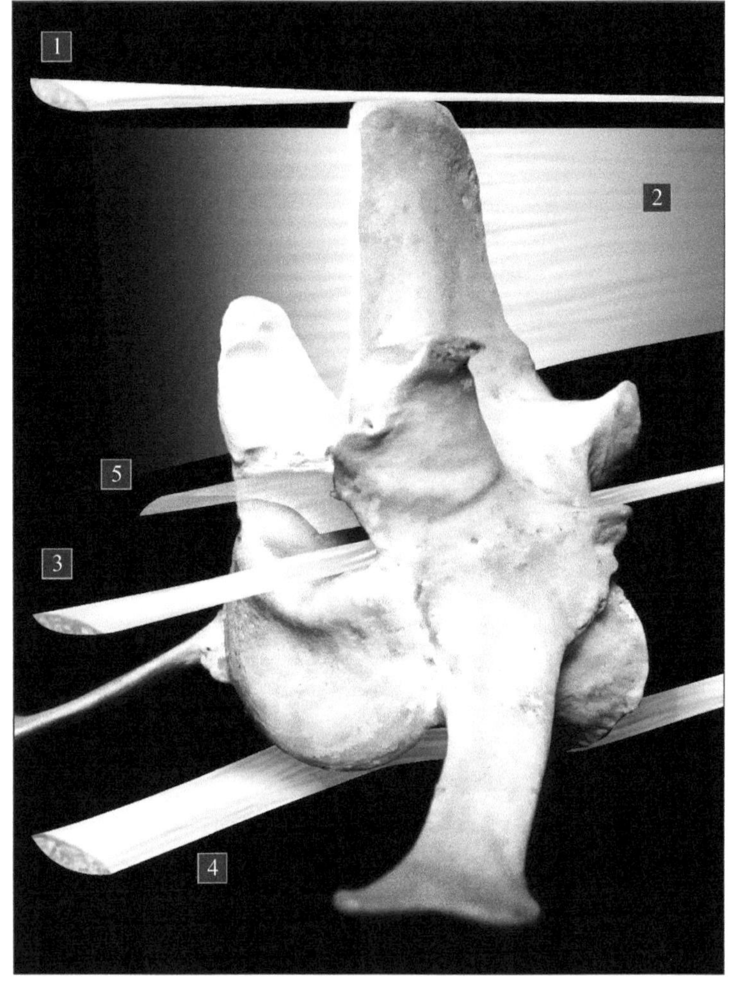

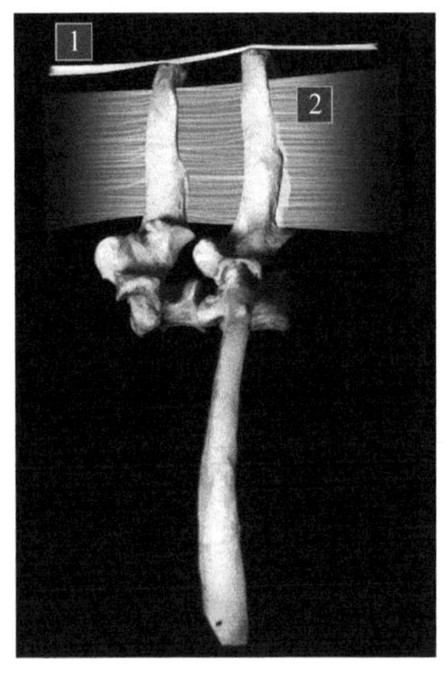

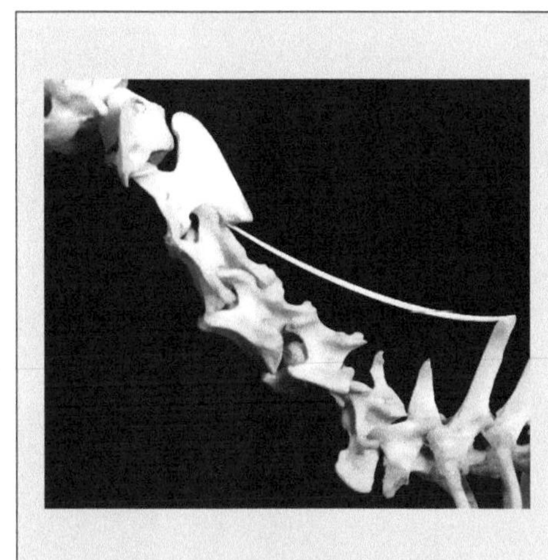

颈背侧项韧带

位于颈椎棘突上的韧带称为颈韧带，并从颈部向第一胸椎的脊突延伸向中轴部位。

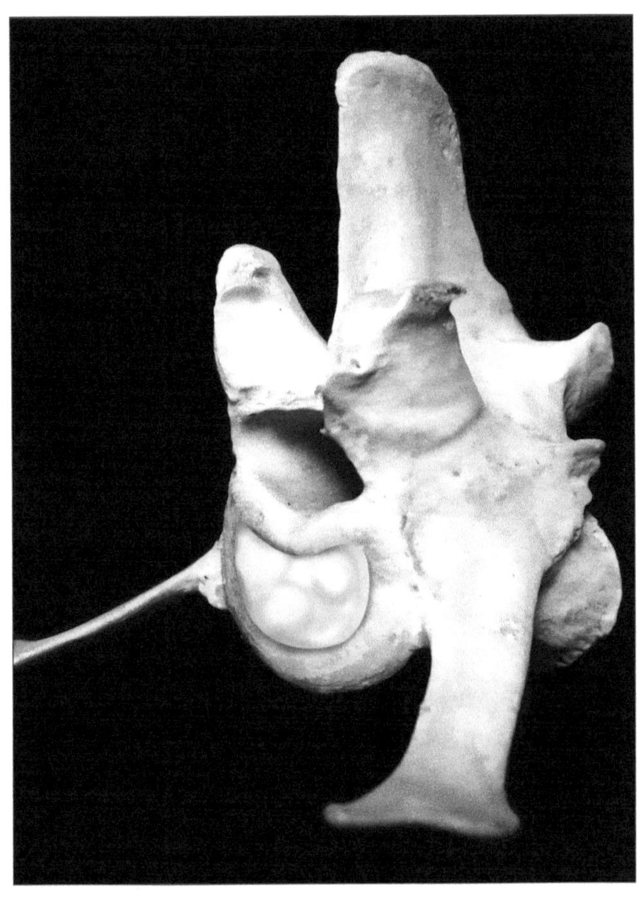

椎间盘

在所有的椎间联合中，椎间盘也像韧带一样将椎骨固定在一起。

椎间盘就像一个机械的液压弹簧，让椎骨相互之间可以有一定范围的运动。

椎间盘是由位于中央的髓核及外围的纤维环所包围组成。

髓核

髓核周围的纤维呈发散状，纵横交错，具有凝胶状的质地，它的成分富含水（88%）和黏多糖（硫酸软骨素，与蛋白质混合，一种透明质酸和角蛋白硫酸盐已被鉴定）。其中还有胶原纤维、软骨状的细胞及结缔组织细胞，有时还有软骨细胞结节，但它缺少血管和神经。髓核被包裹在一个不能伸展的盒状结构中。

纤维环

由数量较多的环形同心纤维层构成，这些纤维层按序列排列较为整齐，相互交织。其外围纤维垂直排列，逐渐变得倾斜，靠近中心与髓核接触，纤维变成水平状排列。

髓核

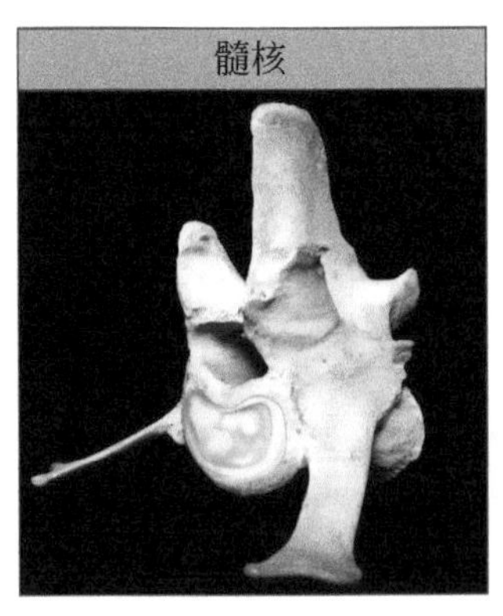

纤维环

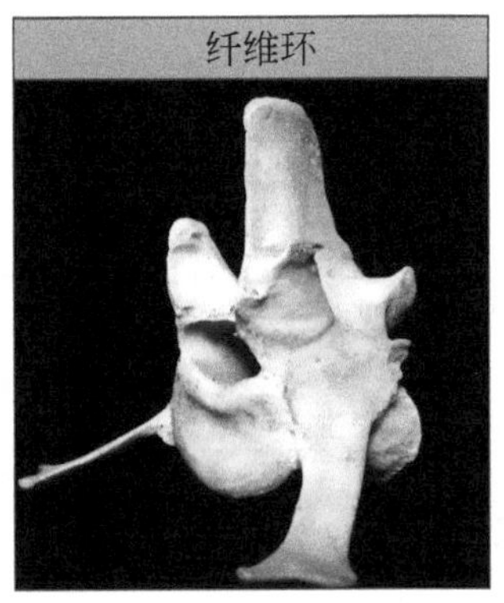

犬脊柱所有椎间盘的厚度占狗脊柱总长度的15%。位于胸段脊柱的大部分椎间盘，因其背侧部有椎间韧带连接到每对肋骨头关节面而加强稳定性。另外，下列椎间关节之间没有椎间盘存在。

- **寰椎（C1）和枕骨之间。**
- **寰椎（C1）和枢椎（C2）之间。**
- **而骶椎骨之间是相互融合在一起的，也没有椎间盘存在。**

寰枕关节

寰枕关节是由枕骨两个髁和寰椎关节面之间形成的关节。关节背侧和腹侧均由寰枕膜加固。外侧韧带从寰椎翼到枕骨加强了寰枕关节。

1. 寰枕背膜。
2. 寰枕腹膜。
3. 外侧韧带。

侧面图

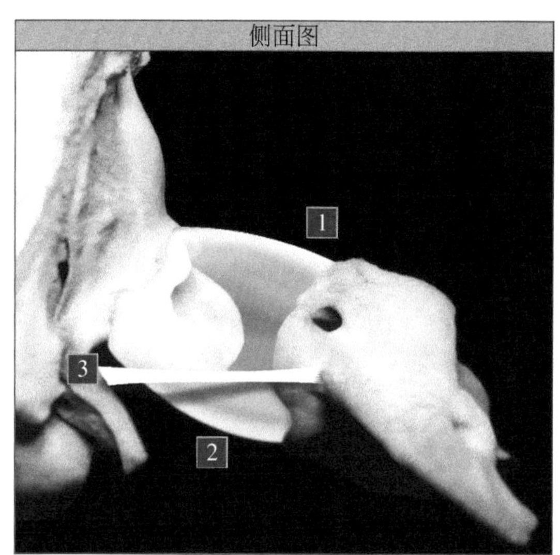

背侧视图

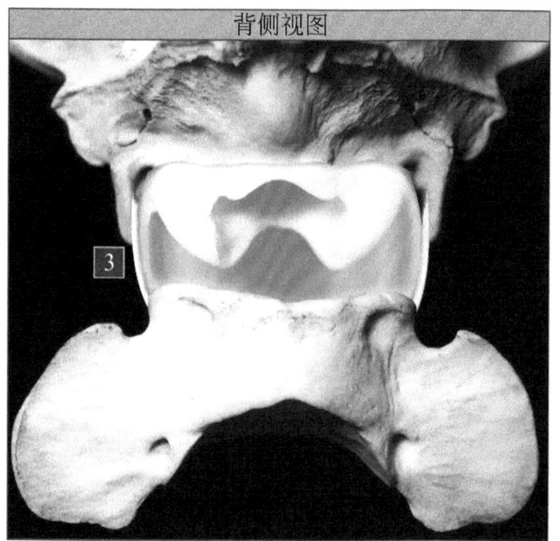

寰枢关节

由枢椎的齿状突和寰椎椎体尾部的凹窝形成的关节。

有滑膜包围着寰椎和枢椎之间的结合处。该图显示了关节囊外有两个强化的部位。

4. 寰枢背侧韧带，类似于椎上韧带。

5. 寰枢腹侧韧带，对应于腹纵韧带。

侧面图

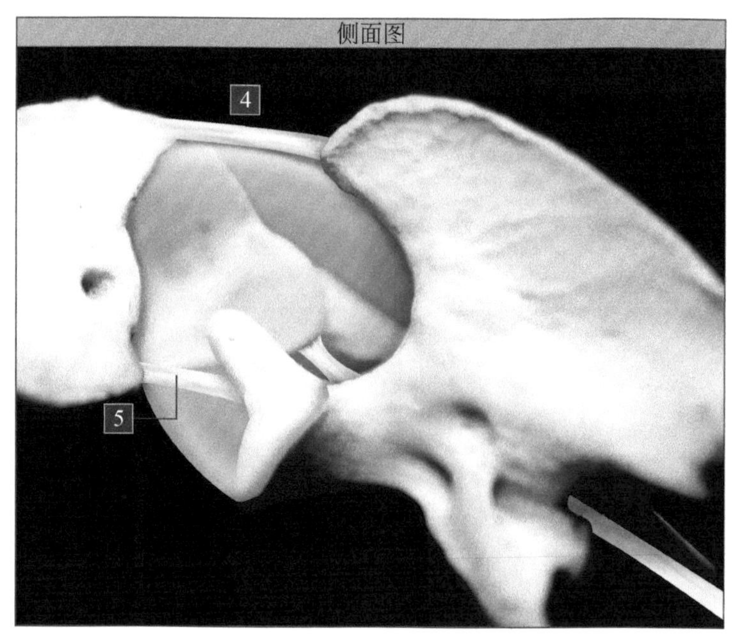

齿状突可能发生断裂，成为硬膜外异物。如果横韧带保持完整，对神经系统的功能影响不大。

寰枕和寰枢关节的韧带

位于滑膜囊内部

1.顶端韧带，从枢椎齿状突的顶端到枕骨大孔的底部。

2.翼状韧带，在顶端韧带两侧。

3.寰椎的横韧带固定寰椎与枢椎的齿状突。

4.腹侧膜部分覆盖着枢椎。

5.背部纵韧带，如之前在其他椎骨中所示。

背侧视图

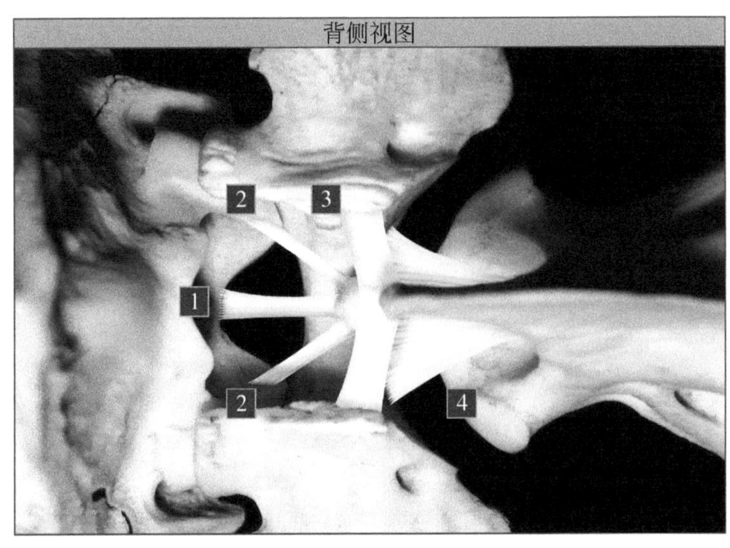

背侧纵韧带

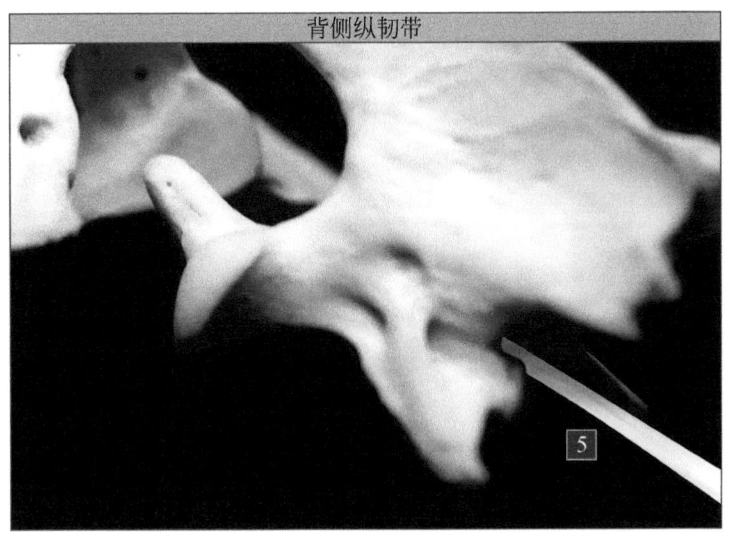

椎间盘
挤压/突出

当椎间盘突出物压迫髓质和脊神经时，椎间盘突出对神经系统的功能影响很大。

椎间盘髓核脱出几乎都发生在背侧，因为此处纤维环较其他部分薄。为了避免不可逆的损伤发生，重要的是减轻突出物对神经产生的压力。

除取出突出的髓核外，椎骨的背侧板或半椎板切除术是一种常用的减压方法。手术时必须小心，以避免损伤位于椎管底部的血管。

脊柱椎间盘突出最易发生在颈部（C2和C3之间）和胸腰椎（T11，T12，T13，L1和L2之间）。

鞘内穿刺

● 硬膜外腔为位于硬脑膜外或硬膜外，在椎管的骨膜和硬脑膜之间的腔隙。硬膜外腔通常充满脂液性液体。向硬膜外腔注射适当剂量的麻醉药物，麻醉药物在腔中向头侧和尾侧扩散，可对硬膜外腔的背侧（感觉）神经根和腹侧（运动）神经根发挥麻醉作用。

● 硬膜下腔几乎充满了脑脊液（CSF）。

● 蛛网膜下腔或硬膜内，位于蛛网膜下腔和软膜之间（软膜与髓质相连），充满脑脊液和蛛网膜纤维的空间。由于其扩散不规则，这种麻醉剂的使用并不常见，与脑脊液（CSF）相比，扩散依赖于其相对密度。如果使用时，动物的头应该抬起，这样麻醉剂就不会向上移动，使心肺中枢麻痹。用于提取脑脊液（CSF）或进行脊髓造影术。

小脑延髓池穿刺

● 此处穿刺适用于抽取脑脊液、注射脊髓造影剂或药物。针头位于小脑和延髓之间。

穿刺部位与操作方法

将犬侧卧保定，头部向下弯曲，以增加寰枕间隙。进针处位于枕骨外突和寰枢两翼及中轴脊柱的结合等距点上，针头朝向下颌骨的方向，经枕大孔刺入。

腰椎穿刺

● 可进行硬膜外腔穿刺。

● 可进行蛛网膜下腔穿刺

穿刺部位

可于第5、6和7腰椎棘突前缘，垂直于背部中线处进行穿刺。

腰椎穿刺的应用

● 硬膜外腔穿刺麻醉，可以用于骨盆、四肢和腹壁手术。

● 蛛网膜下腔穿刺时，由于其间隙体积小，脑脊液排出并不常见。

具体穿刺方法

在第七腰椎与第一骶椎之间（髂棘的连接的中线）可触到的凹陷处为穿刺点。进针时在穿过硬脑膜之前的黄色弓间韧带时会遇到阻力，过后刺穿硬脑膜表明穿刺成功。

尾椎硬膜外穿刺

● 针刺进入硬膜外腔。

● 可用于麻醉。通过注射少量的麻醉剂，可以对尾巴、肛门、会阴和阴道进行手术麻醉。在进行肾盂、四肢和腹部手术时，运用该麻醉时注射麻醉药的剂量需加大。

具体操作方法

穿刺部位在骶骨和尾椎之间。

1.可在第一尾椎骨和第二尾椎骨之间进行。

2.也可在第二尾椎骨和第三尾椎骨之间进行。

3.注意放低尾部以方便穿刺。由于只存在硬膜外间隙，所以不需要特别的预防措施（髓质在第6～7腰椎处终止，但在小型犬中它会持续到骶骨）。

小脑延髓池穿刺

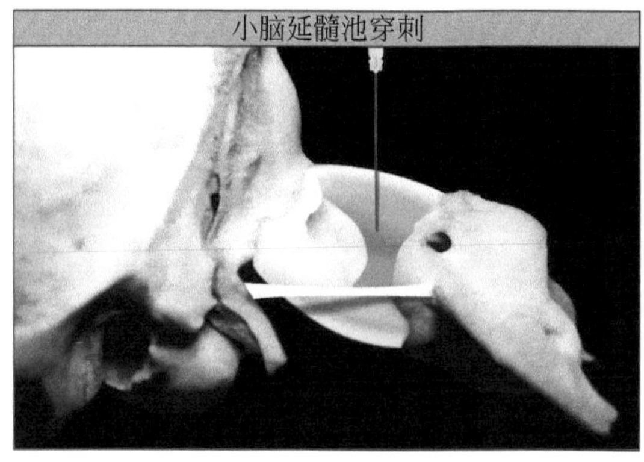

小脑延髓池穿刺

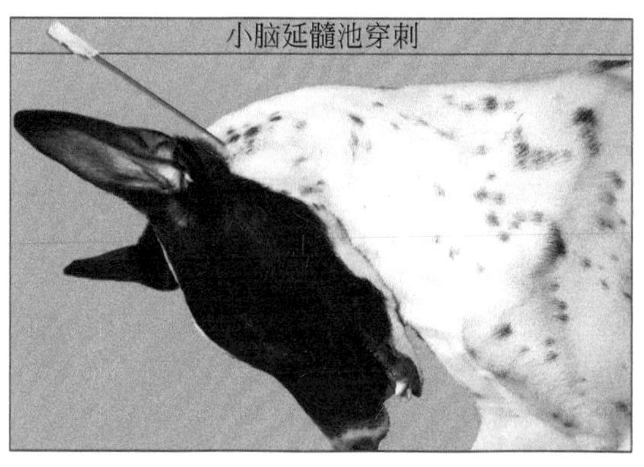

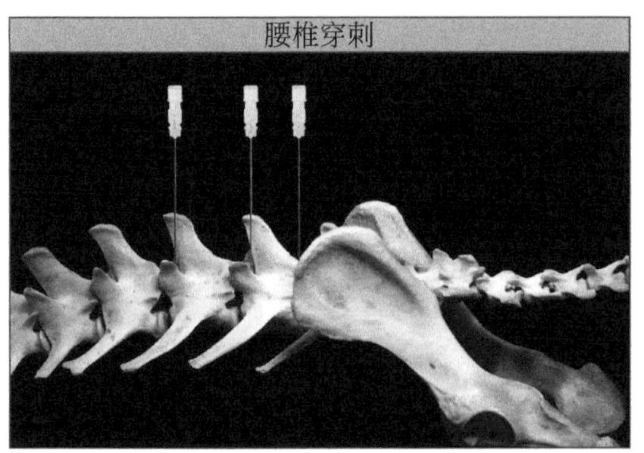
腰椎穿刺

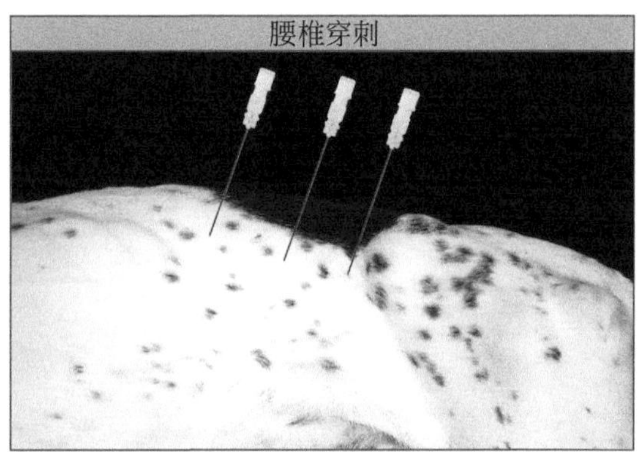
腰椎穿刺

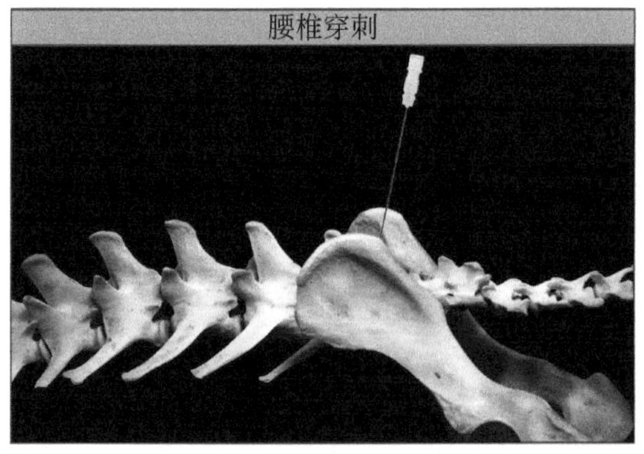
腰椎穿刺

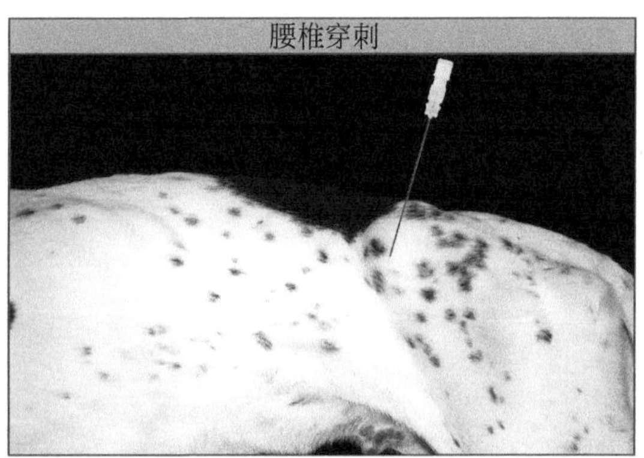
腰椎穿刺

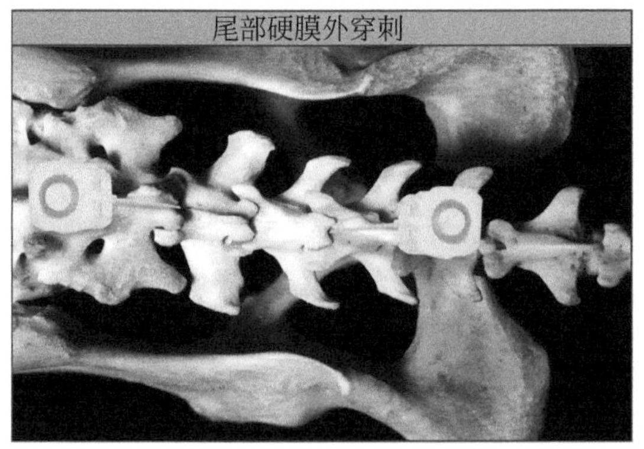
尾部硬膜外穿刺

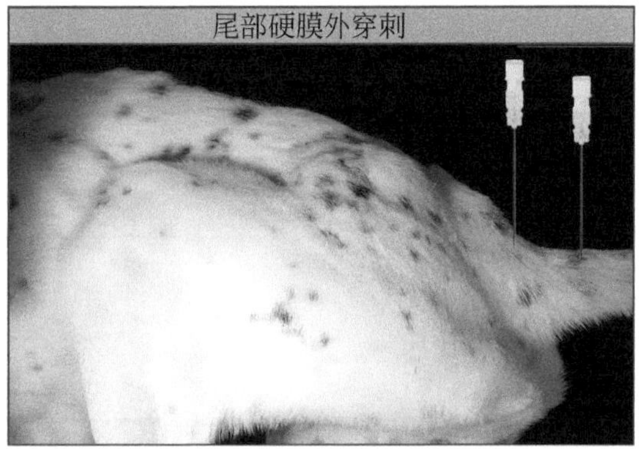
尾部硬膜外穿刺

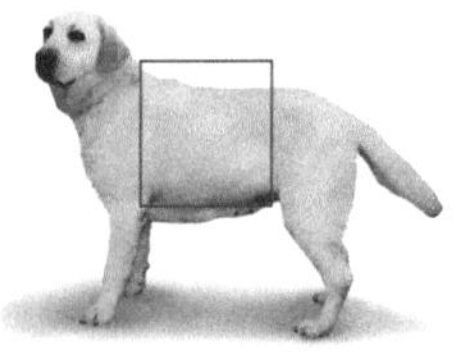

椎骨和肋骨之间的关节

关节

肋骨横突（小头）关节

在头肋和连续的两个椎体之间有一个球状滑膜关节。

在肋骨结节和胸椎横突之间有另一个髁状突形滑膜关节。

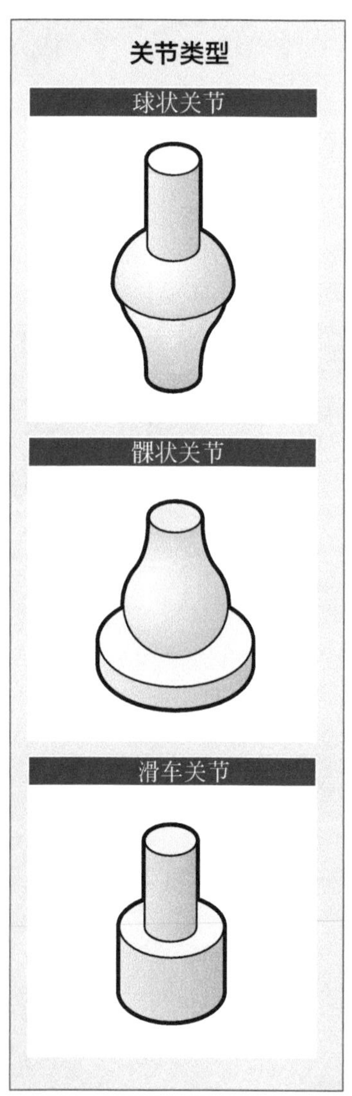

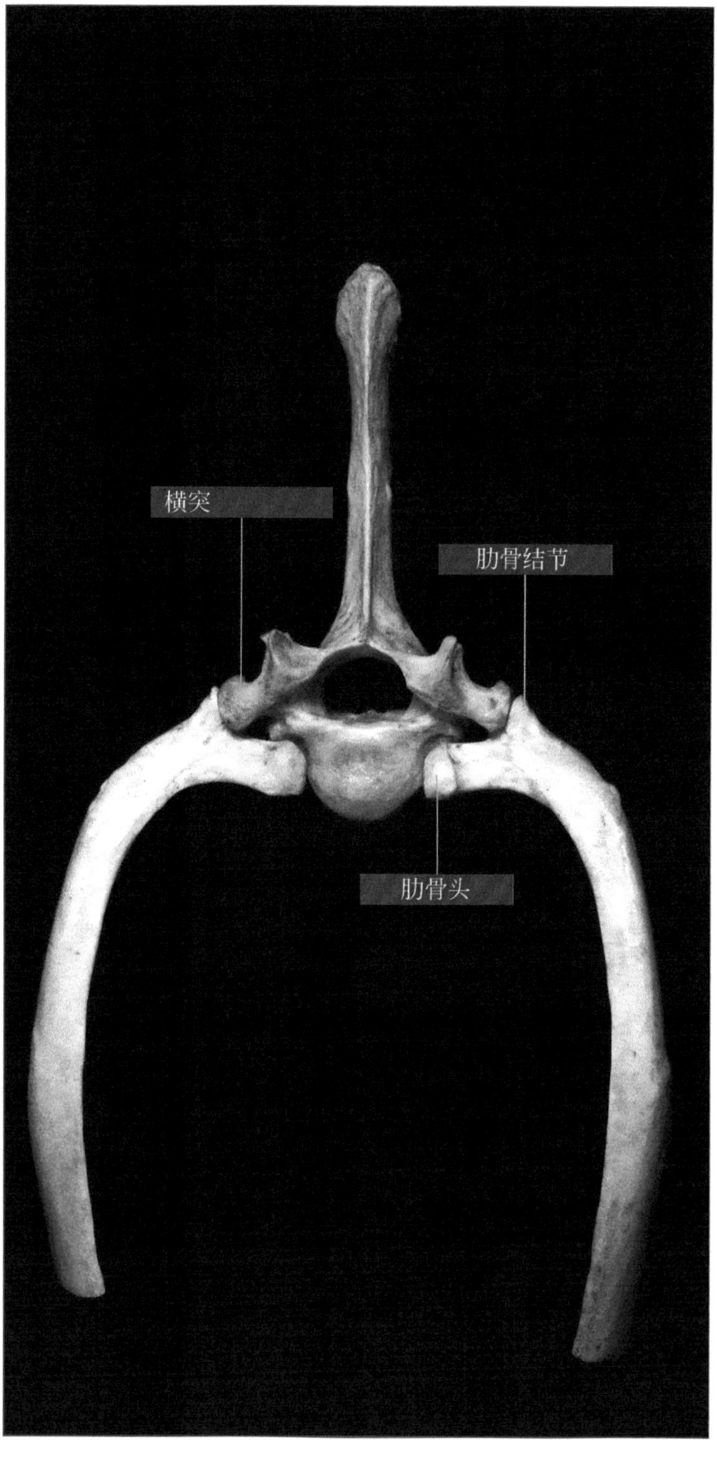

横突

肋骨结节

肋骨头

解剖结构和运动方式

每根肋骨的两个肋横关节一起运动，产生与滑车相同的运动方式。

在呼吸过程中，通过这些滑车关节小范围的旋转可以增加或减少胸腔的直径。

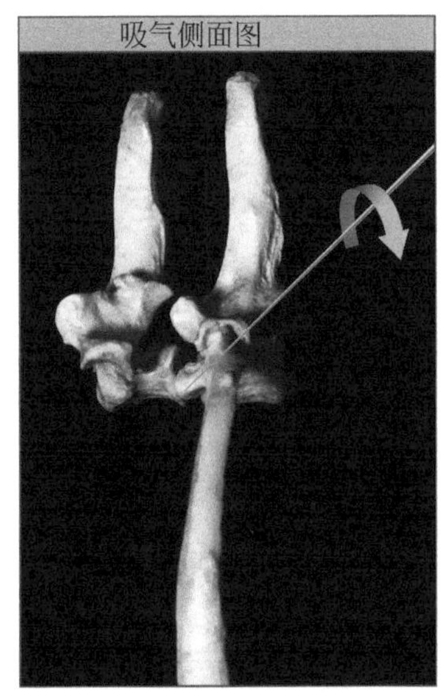
吸气侧面图

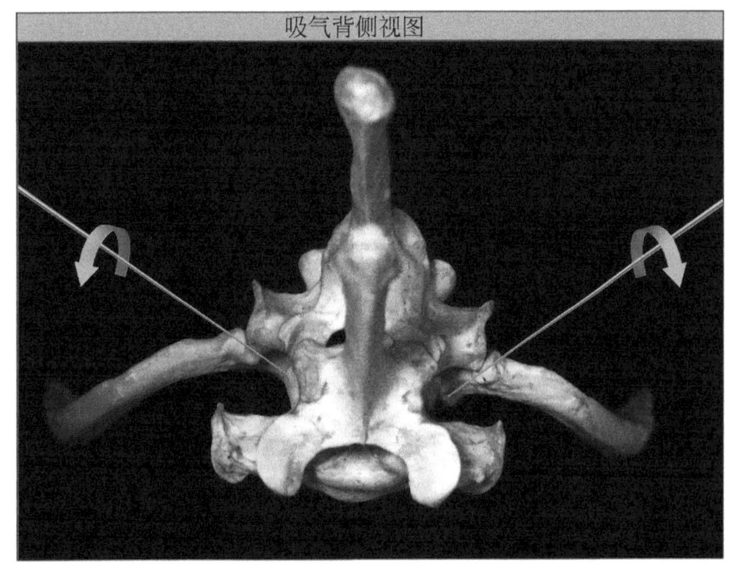
吸气背侧视图

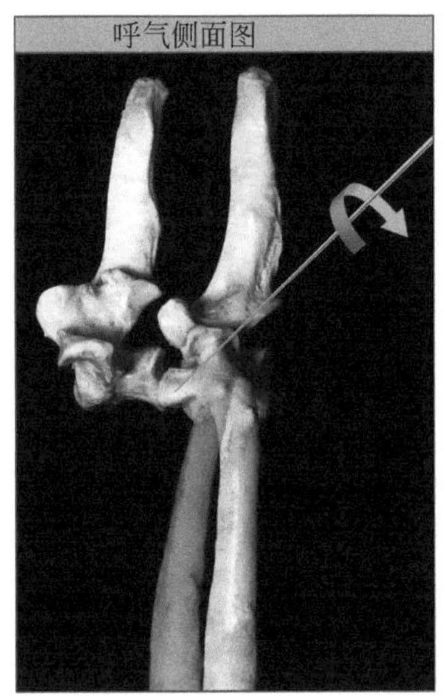
呼气侧面图

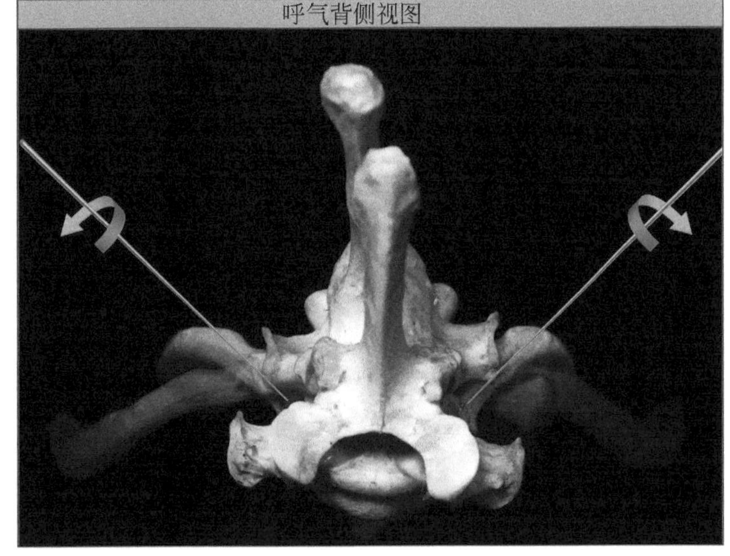
呼气背侧视图

骨骼学

1. 肋骨结节。
2. 肋骨头
3. 横突

韧带的介绍

L（背纵韧带）。

D（椎间盘）。

韧带

4. 两个肋骨头与椎体两侧通过关节内韧带相连接。

5. 在椎体腹侧有呈辐射状的韧带连接两个肋骨的头部。

6. 为连接两个相对的肋骨头部的韧带，从背纵韧带下方经过（L），在T1、T11、T12、T13段未见。

7. 肋横韧带为连接肋骨结节和脊椎横突关节处的韧带。

连接第一腰椎横突的肋横韧带称为腰骶韧带。

头尾向观察图

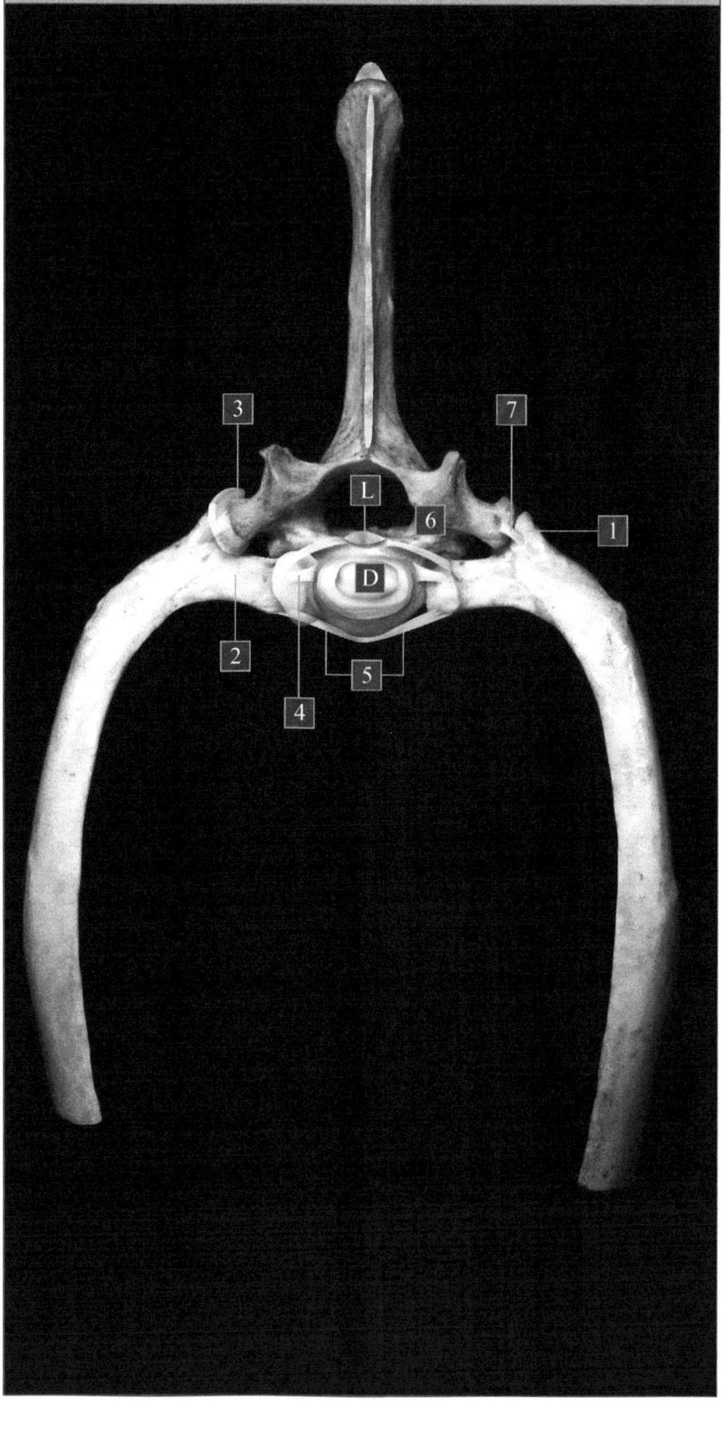

横向定位

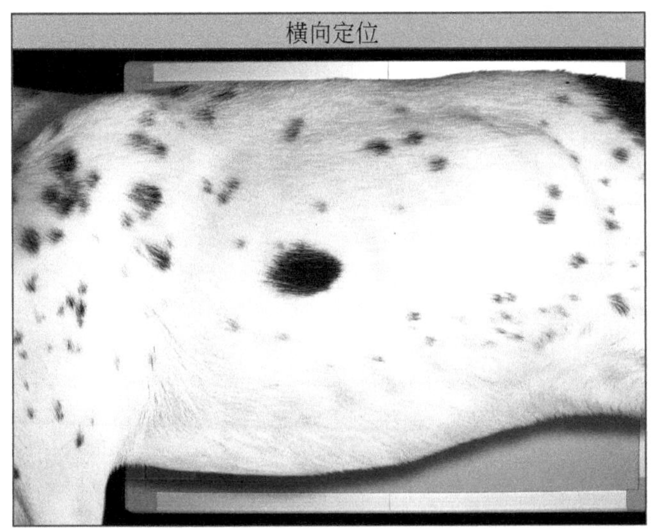

横向侧面 X光片

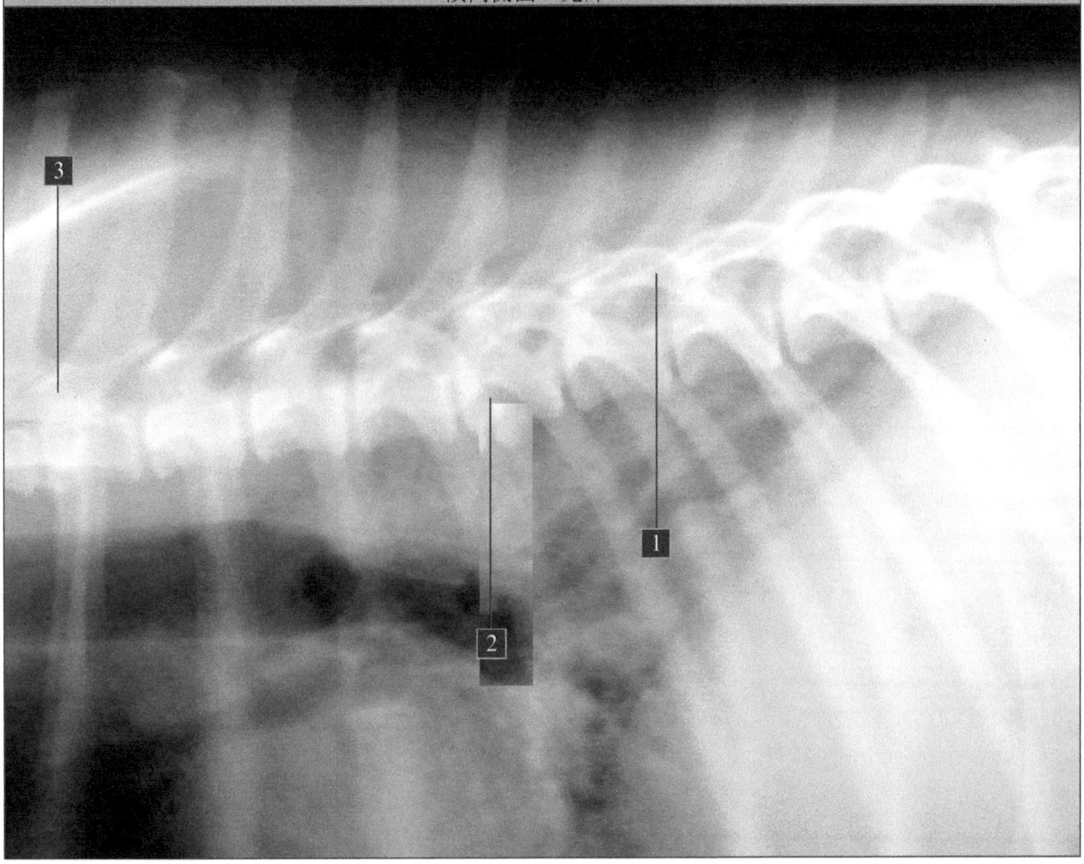

3

2

1

胸骨关节

关节

胸肋关节

为髁状滑膜型关节，肋骨与胸骨间软骨相连。

胸骨关节

相邻胸骨通过软骨结合，很少运动，这八个排列整齐的胸骨节相连构成了狗的胸骨。

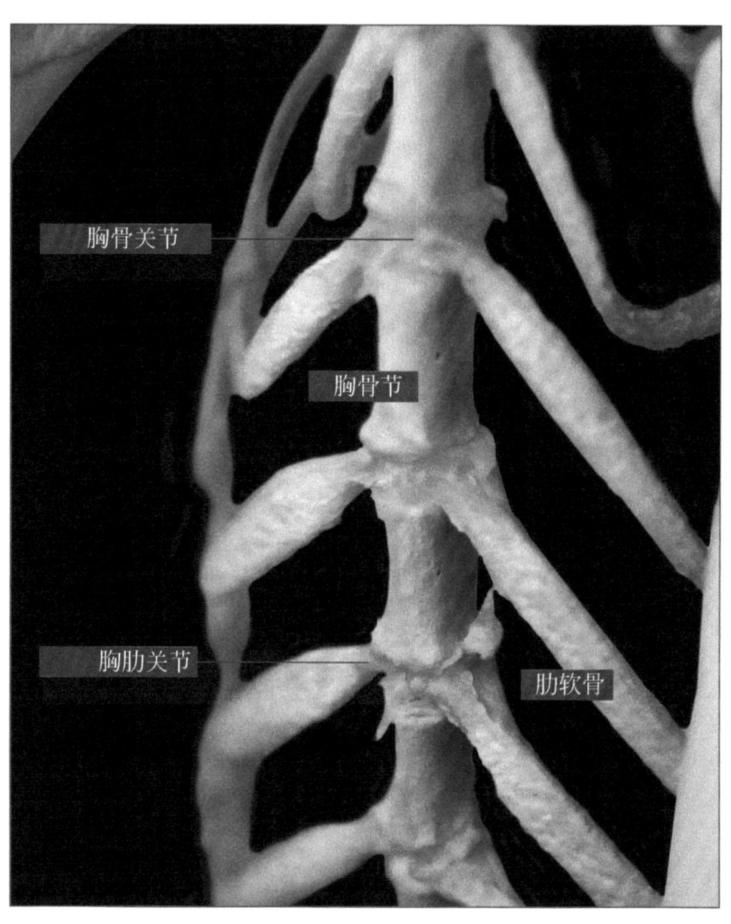

解剖结构和运动方式

胸肋关节的活动能力较差。每侧的前八根肋骨与胸骨单独直接地相连。肋椎关节的运动可引起胸腔大小变化，其余肋骨的活动也有助于引起胸腔随呼吸的节律而改变。

肋骨自主地连接到胸骨上可以使其更大幅度地运动。最末端的四对肋骨（第9～12对）的肋软骨相互连接成对附着在最后一节胸骨（第8）上，形成肋弓。每侧肋弓伴随与胸骨最末端的连接点的运动而运动。

最后一对肋骨即第十三肋，不与胸骨相连，称之为浮肋。胸骨之间连接方式类似并且不会骨化，胸骨节之间连接成一个单一、坚固的功能结构，我们称之为胸骨。

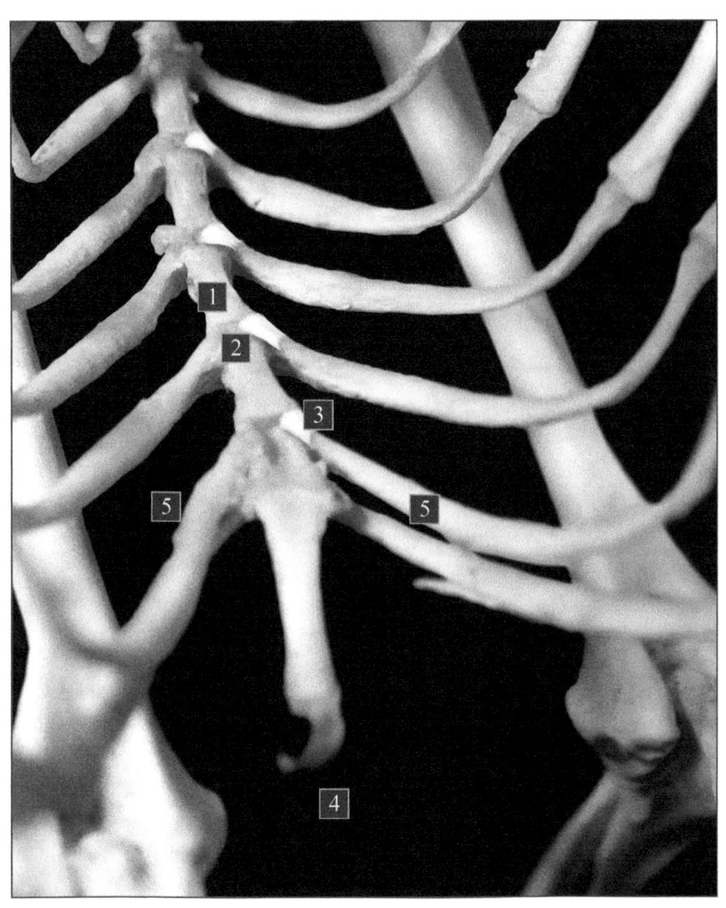

骨骼学和关节组成

1. 胸骨节。

2. 胸骨椎间盘。

3. 辐射状胸肋韧带。它们分别连接肋软骨的背部和腹部，以及胸骨。

4. 剑状软骨。

5. 肋软骨。

横向定位

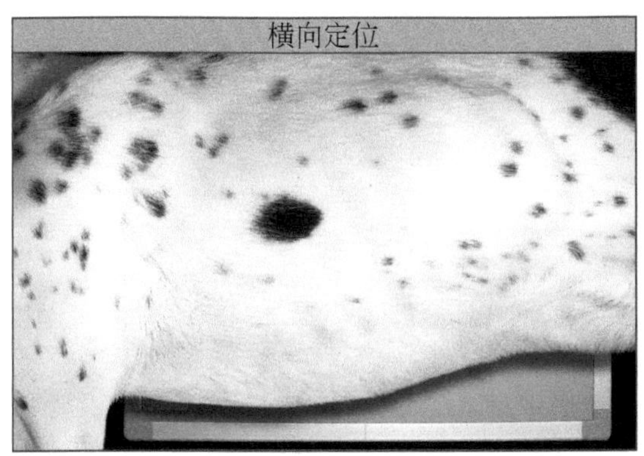

侧位X光照片

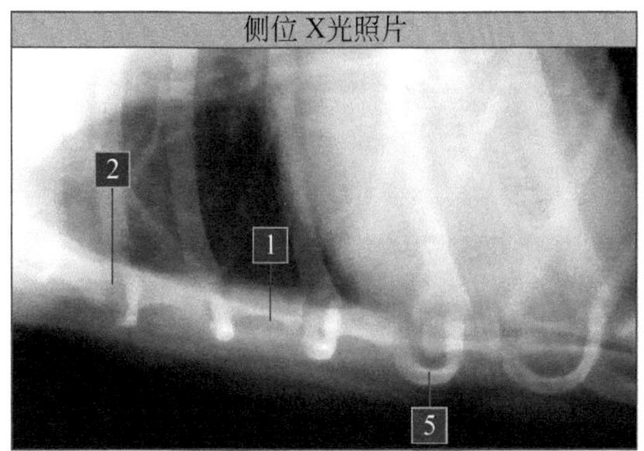

胸廓关节

关节

包括肋骨与肩胛骨之间的关节及胸带肌肉联合。

骨头（肩胛骨、胸肋骨和椎骨）与肌肉参与形成的是一种特殊类型的关节。

- **菱形肌**
- **斜方肌**
- **前锯肌**
- **胸肌**

腋窝是由这些肌肉分隔的空间。

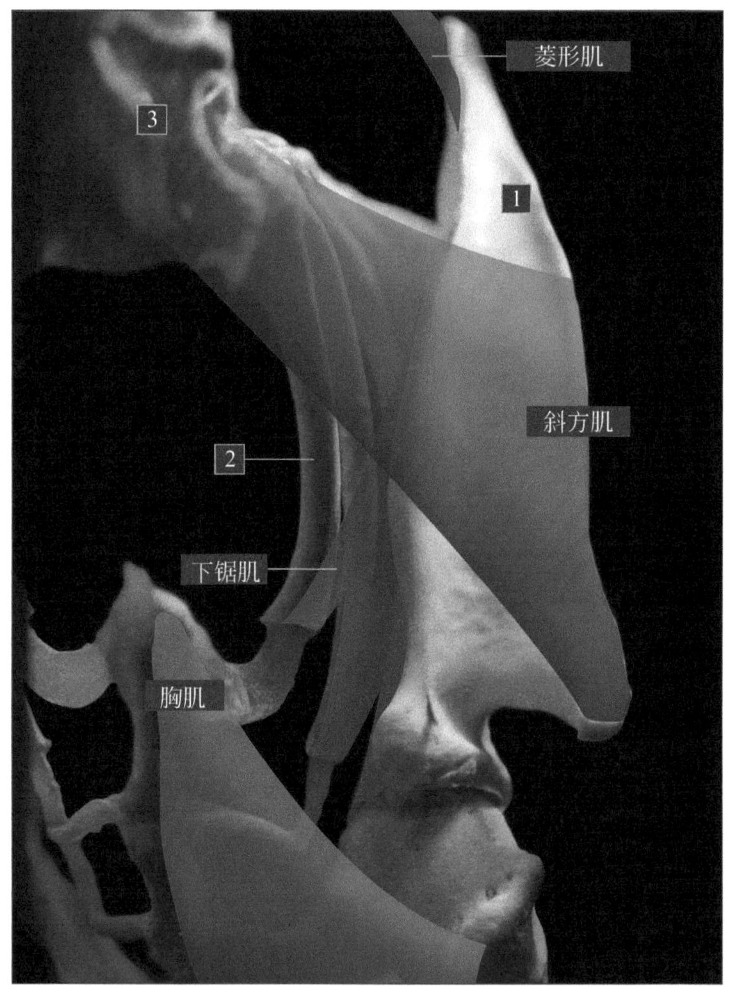

骨骼学

1. 肩胛骨。
2. 肋骨。
3. 胸椎。
4. 腋窝。

解剖结构与运动方式

肩胛骨的内侧表面在肋骨的外侧表面滑动，以便前肢进行屈曲和伸展运动。

伸展

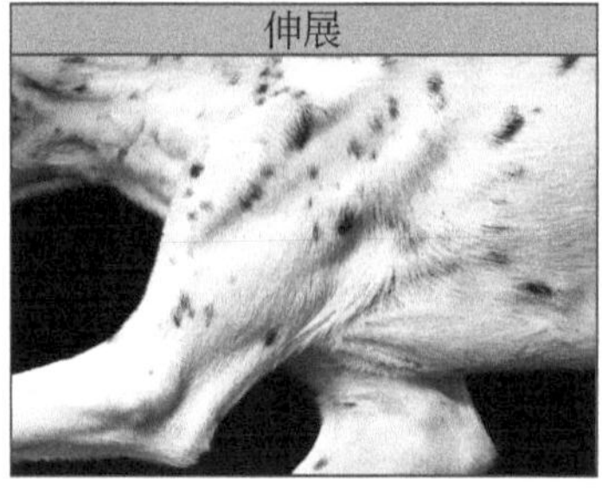

屈曲

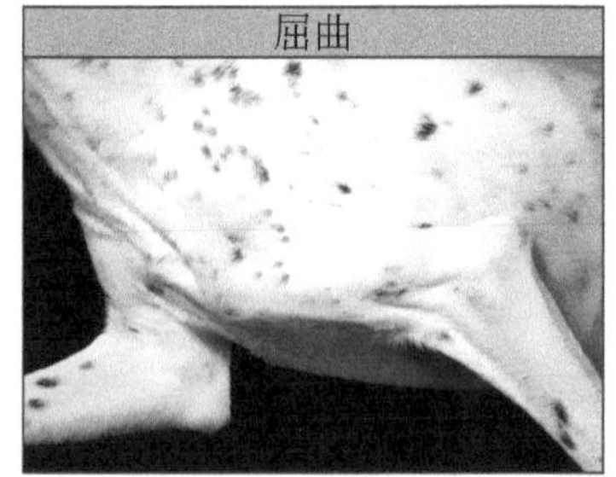

横向定位

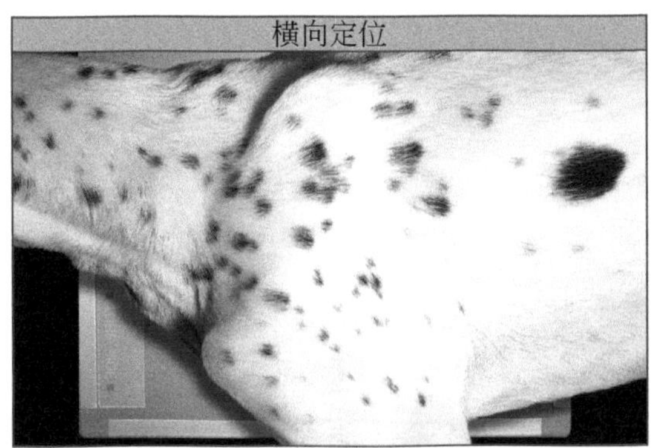

侧位X光照片

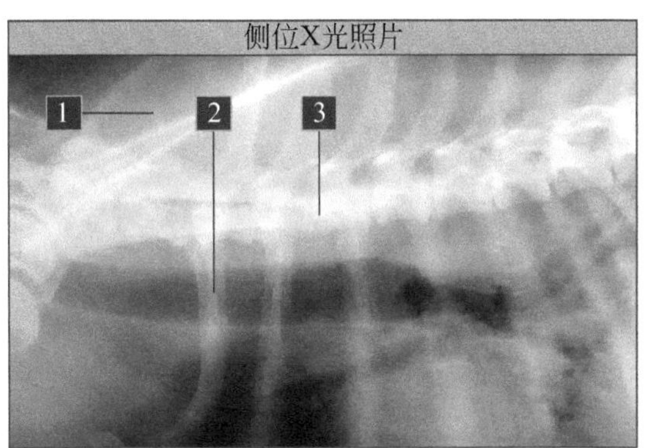

头尾位定位

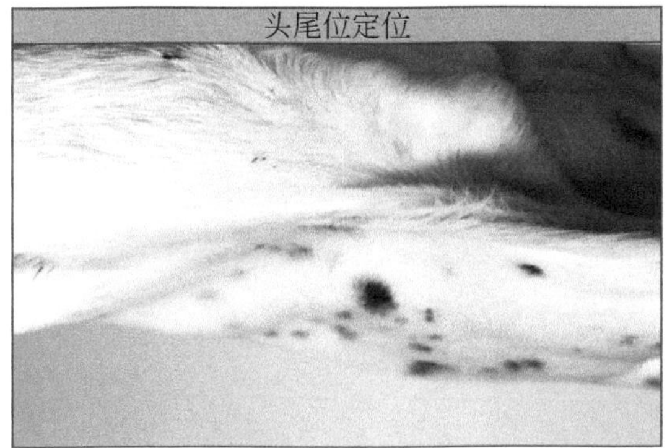

头尾位X光照片

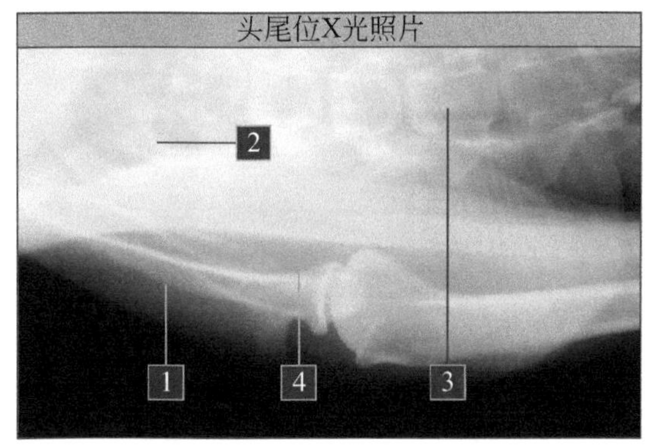

臂神经丛位于腋窝，可在此进针注射麻醉药就可麻醉臂神经丛。

可以根据肩胛骨背侧缘覆盖的脊上肌肉作为定位参考。

触诊肱骨大结节为主定位（背侧缘的肌肉与锁骨作为补充）。

穿刺时针与肋骨平行。

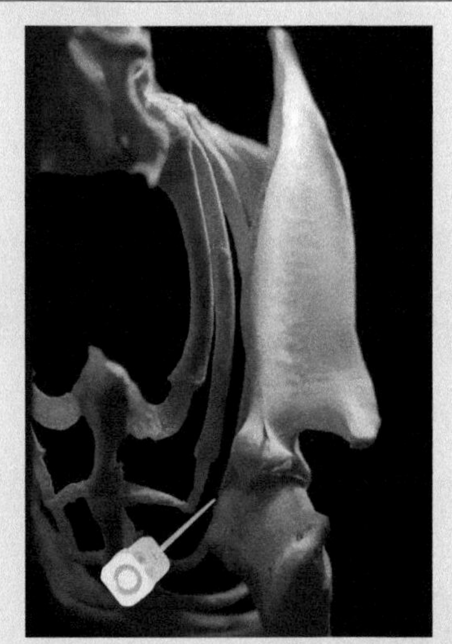

骨盆关节

关节

包括骶髂关节、骨盆带、滑膜和软骨。

解剖结构和运动方式

骶髂关节的关节面较平整表面粗糙，以防止滑动。活动范围非常小。在老年犬已形成一种骨性连接（骨融合）。

骨学

1.髂骨
2.荐骨

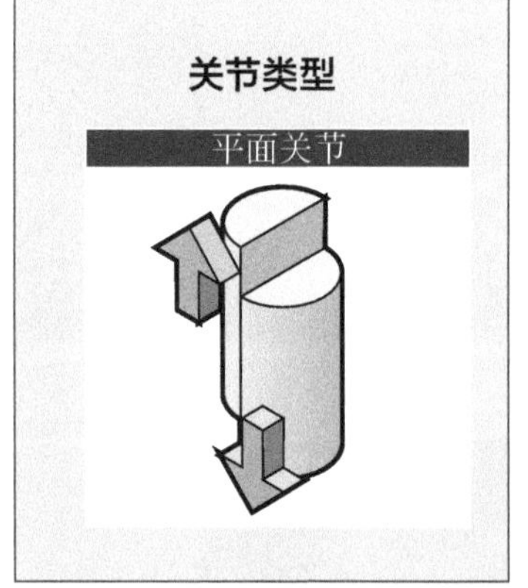

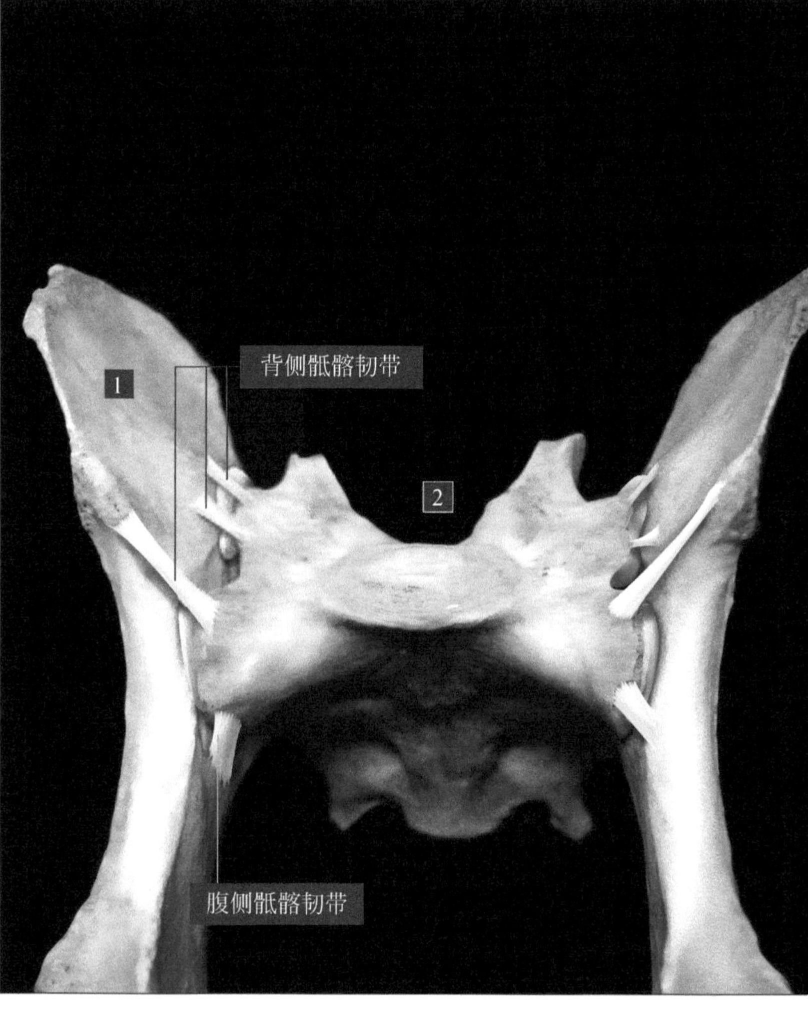

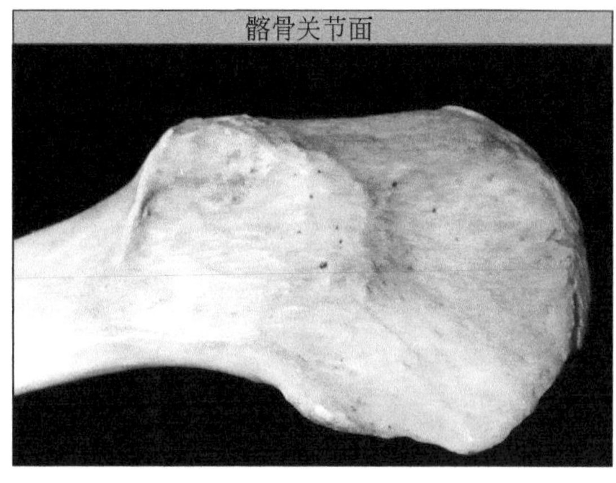

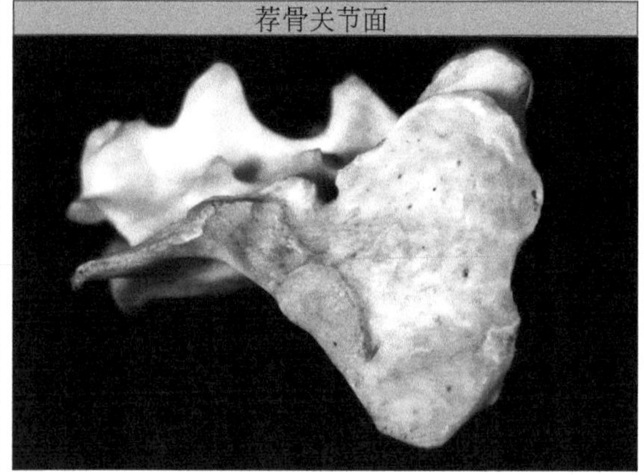

腹背位

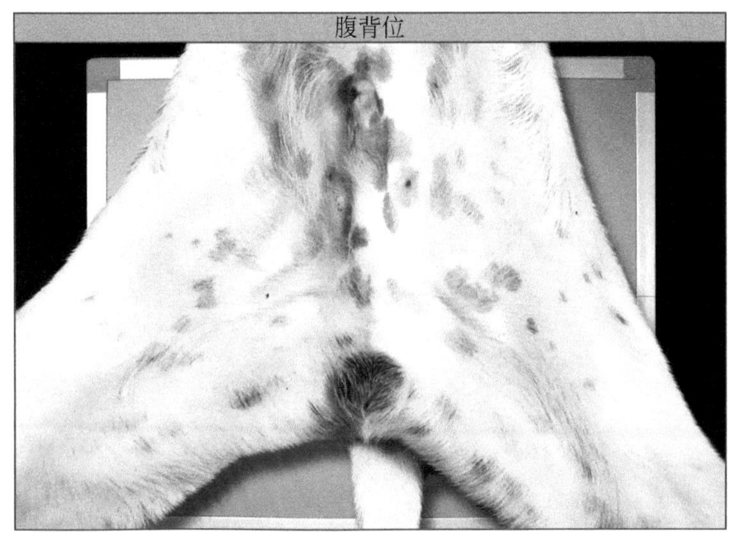

两个髋骨通过骨盆联合连接在一起，且骨盆联合在犬的头尾侧方向上形成骨化，联合的尾侧三分之一部分发生骨化，而头侧的三分之二部分由纤维软骨连接。

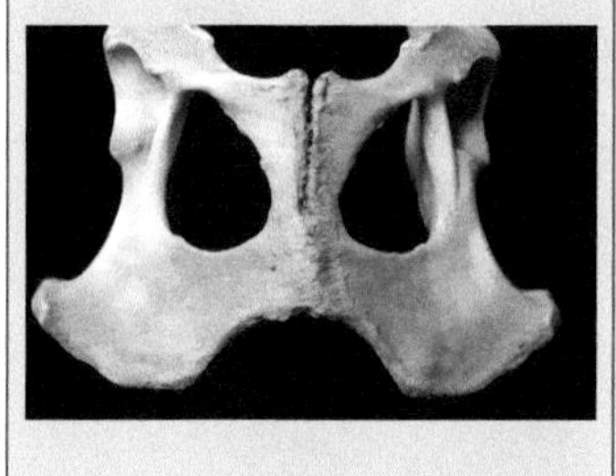

腹背位X光照片

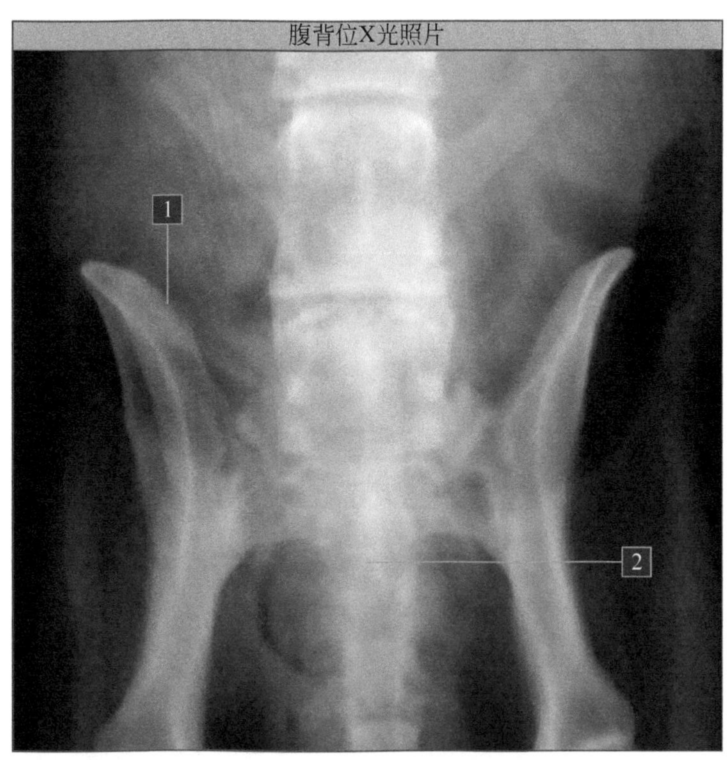

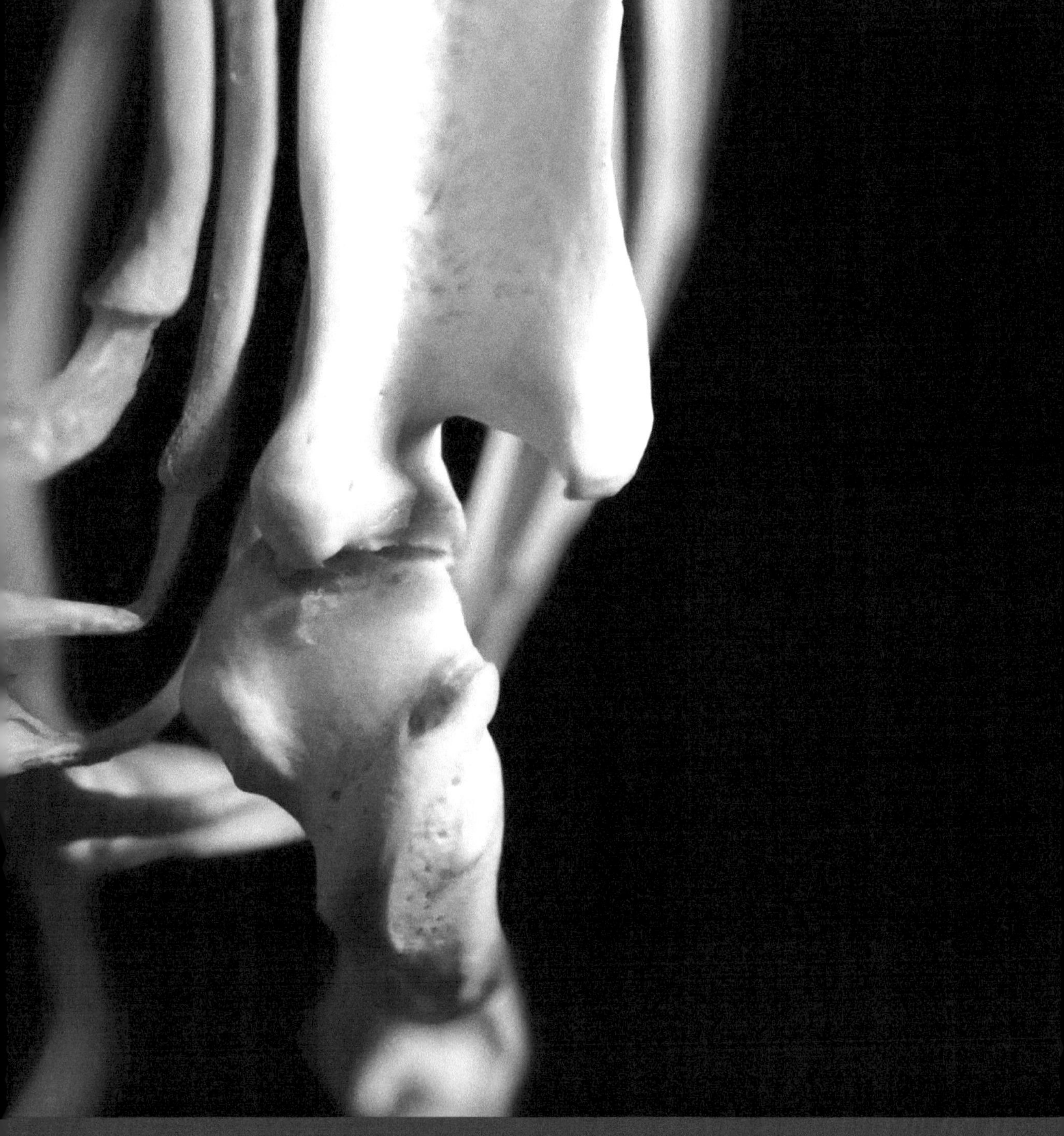

前肢关节

关节

肩关节
肘关节
腕关节
掌指的关节
指爪

自我评估

肩关节

关节

肩胛或肩关节

滑膜球和窝，由肩胛骨的肩胛小窝和肱骨头形成。

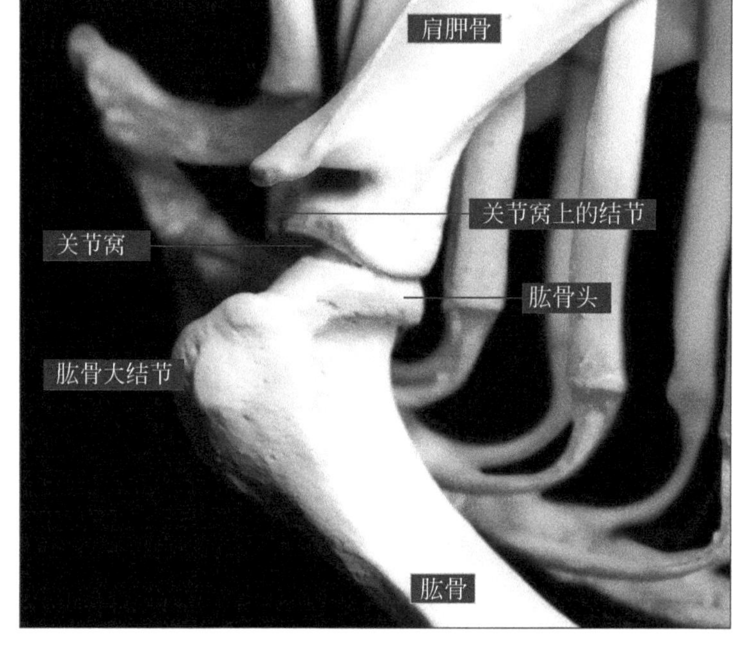

关节类型

球状关节

解剖结构与运动方式

肱骨的半球形头部大小与关节窝相适应，可以进行各种类型的运动：屈曲与伸展、内旋与外旋、分离（外展）与靠近（内收），以及以上几种运动方式的组合。由于肌肉排列得相互制约影响关节的运动，因而弯曲和伸展是犬最主要的方式。

屈曲运动

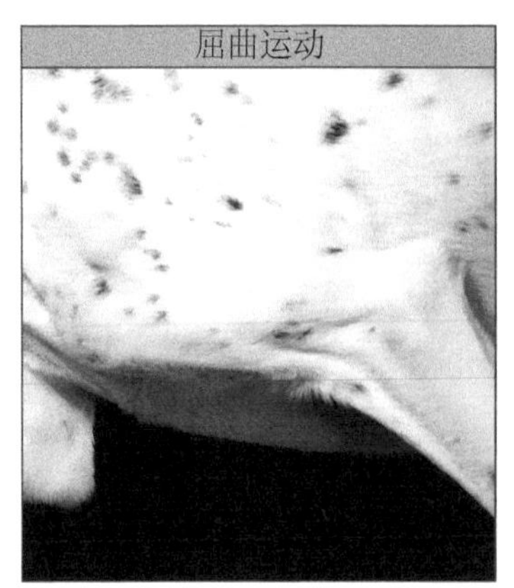

肩膀部的侧位姿势

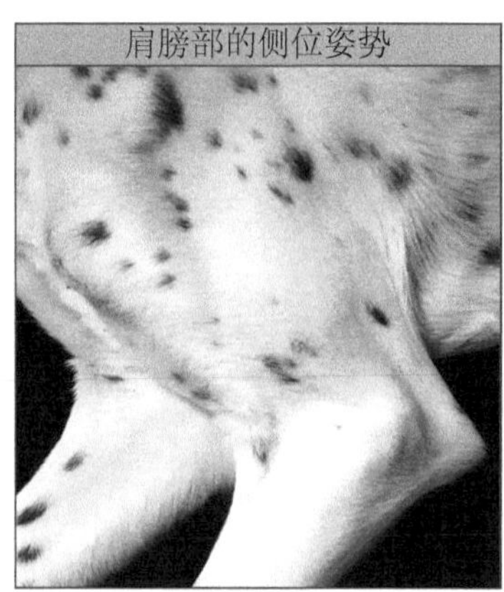

伸展运动

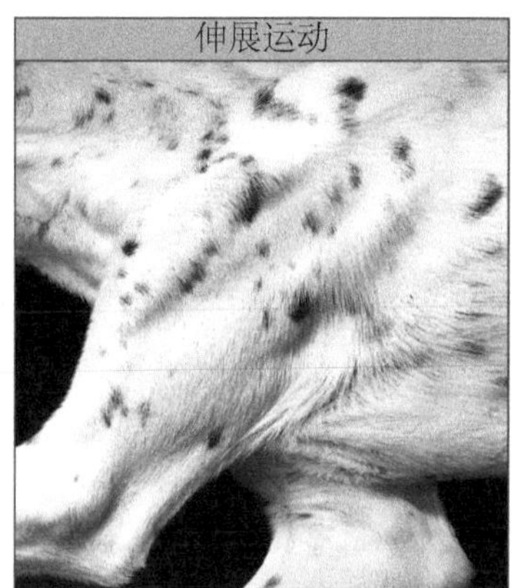

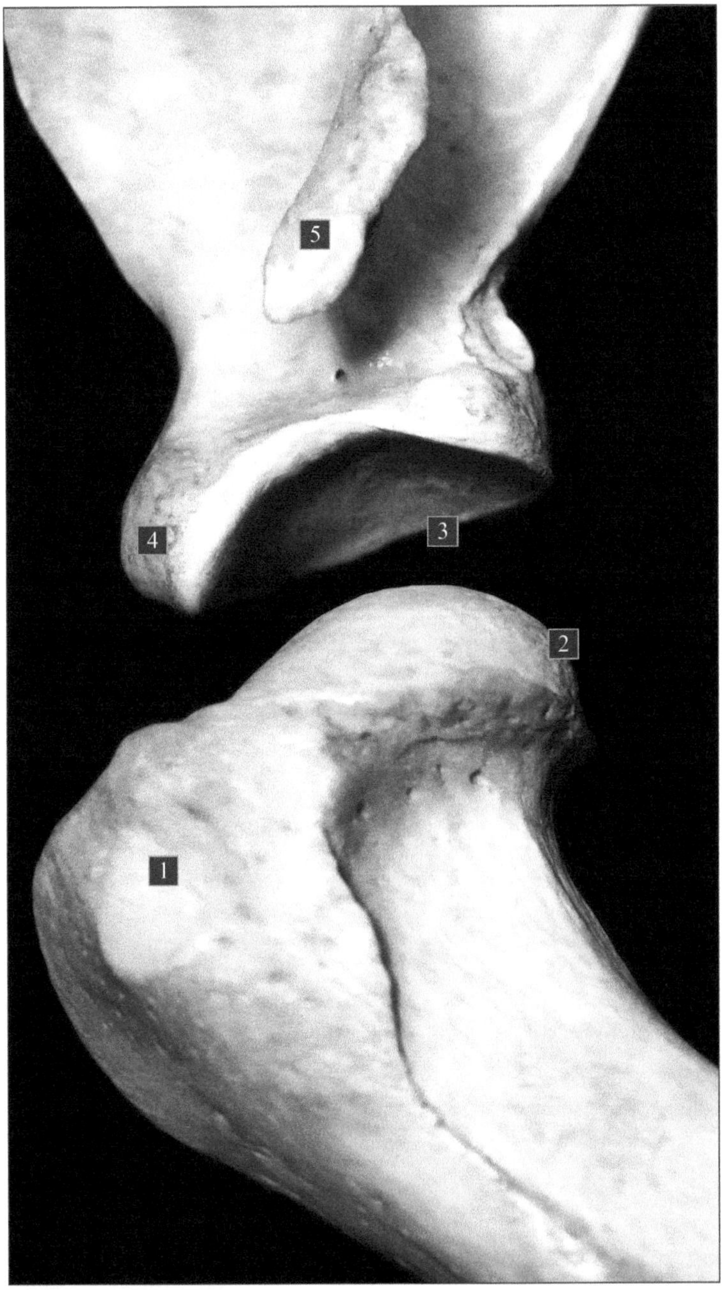

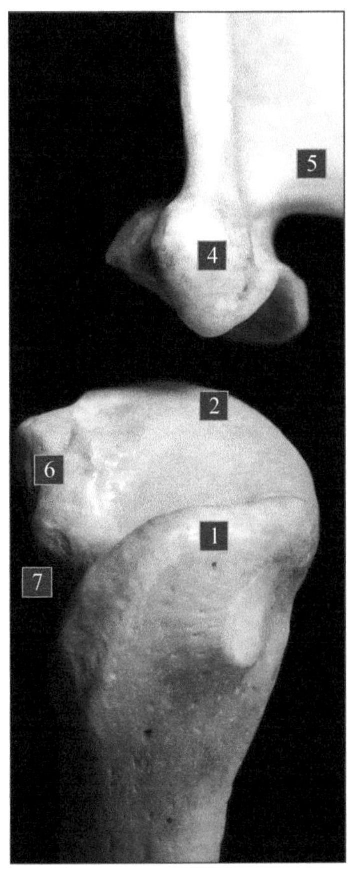

肩部骨骼学

1. 肱骨大结节。
2. 肱骨头。
3. 关节窝。
4. 肩关节盂窝上结节。
5. 肩胛冈。
6. 小结节。
7. 结节间沟。

外侧位

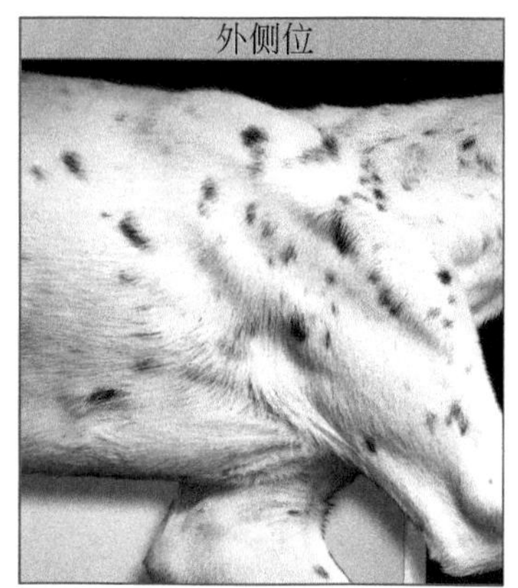

头尾定位（正位）

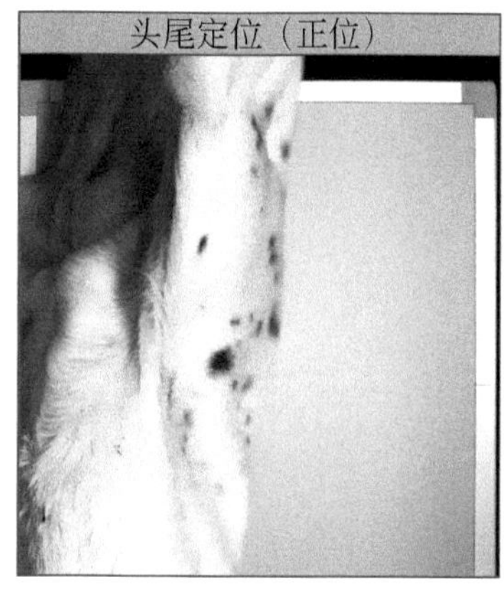

1.大结节。
2.肱骨头。
3.关节窝。
4.肩关节盂上结节。
5.肩胛冈。
6.小结节。
7.结节间沟。

侧位的X光照片

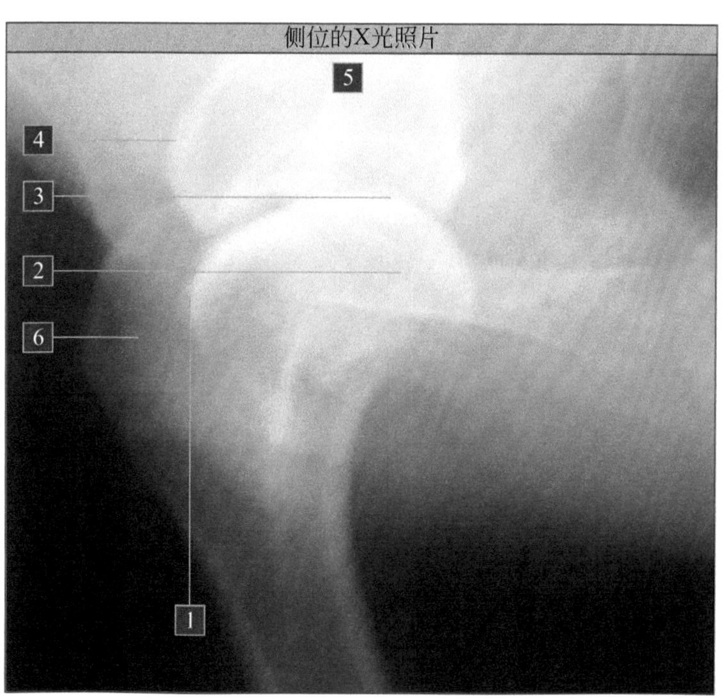

头尾位（正位）X光照片

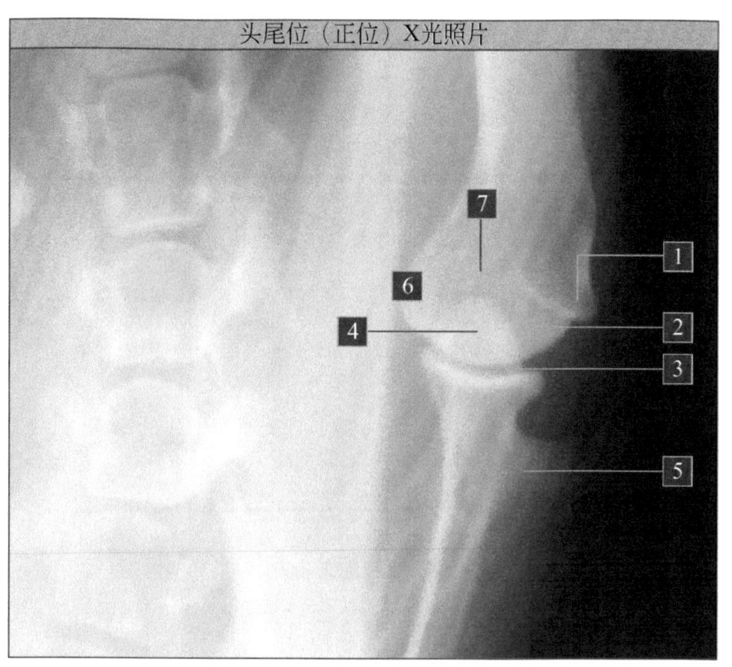

冈上肌和冈下肌，侧面图

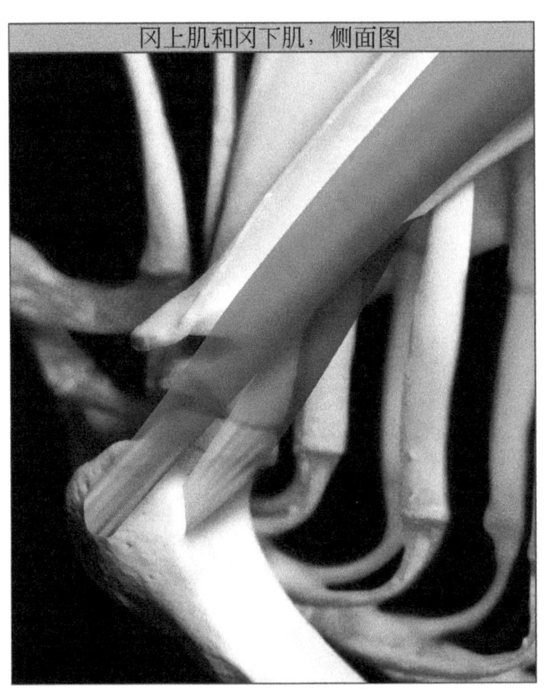

肱二头肌肌腱

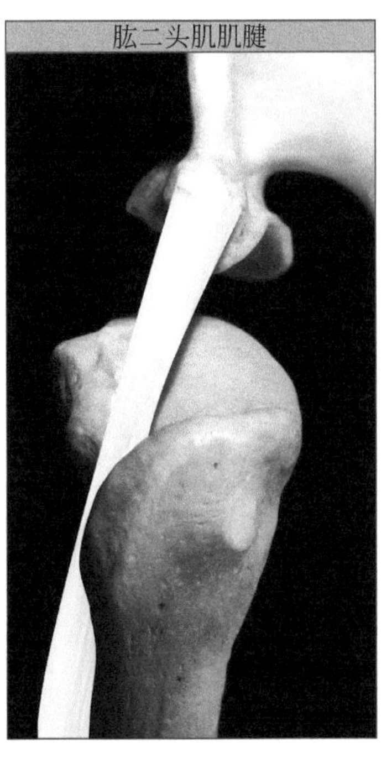

冈上肌，头侧视图

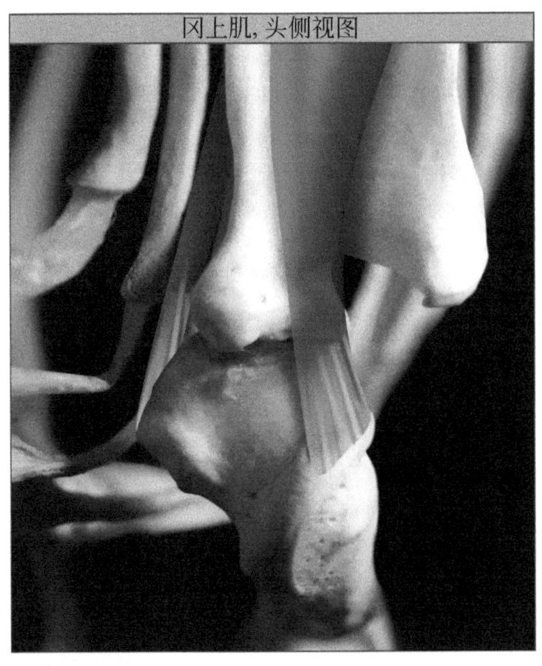

相关的肌肉

肱二头肌起于肩关节盂上结节，肌腱沿前肢向下延伸，位于肱骨结节间沟，由横韧带固定在其中。

● 除了与肱二头肌相关的颅侧肌肉外，还有其他与关节相关的肌肉。

● 内侧是肩胛下肌。

● 它的外侧与冈上肌和冈下肌伴行。

可以认为这些肌肉的肌腱具有该关节的韧带功能，加固了肩关节，使得肩关节脱位在狗中不常发生。

肩关节的组成部分

肩膀关节穿刺术

关节组成

肩胛骨的肩胛窝比肱骨头小。肩胛盂是由纤维软骨环绕形成的关节盂，其加深了肩胛窝与肱骨头部的吻合程度。

关节囊

犬肩关节囊与肱二头肌的腱相连，相连接处环绕肌腱形成滑膜鞘，有利于肌腱在结节间沟内运动。犬肩关节滑膜囊内容物处于负压状态，使得关节内的肩胛窝与肱骨头更为靠近，有利于关节本身的稳定。

韧带

犬的肩关节没有特殊的韧带。

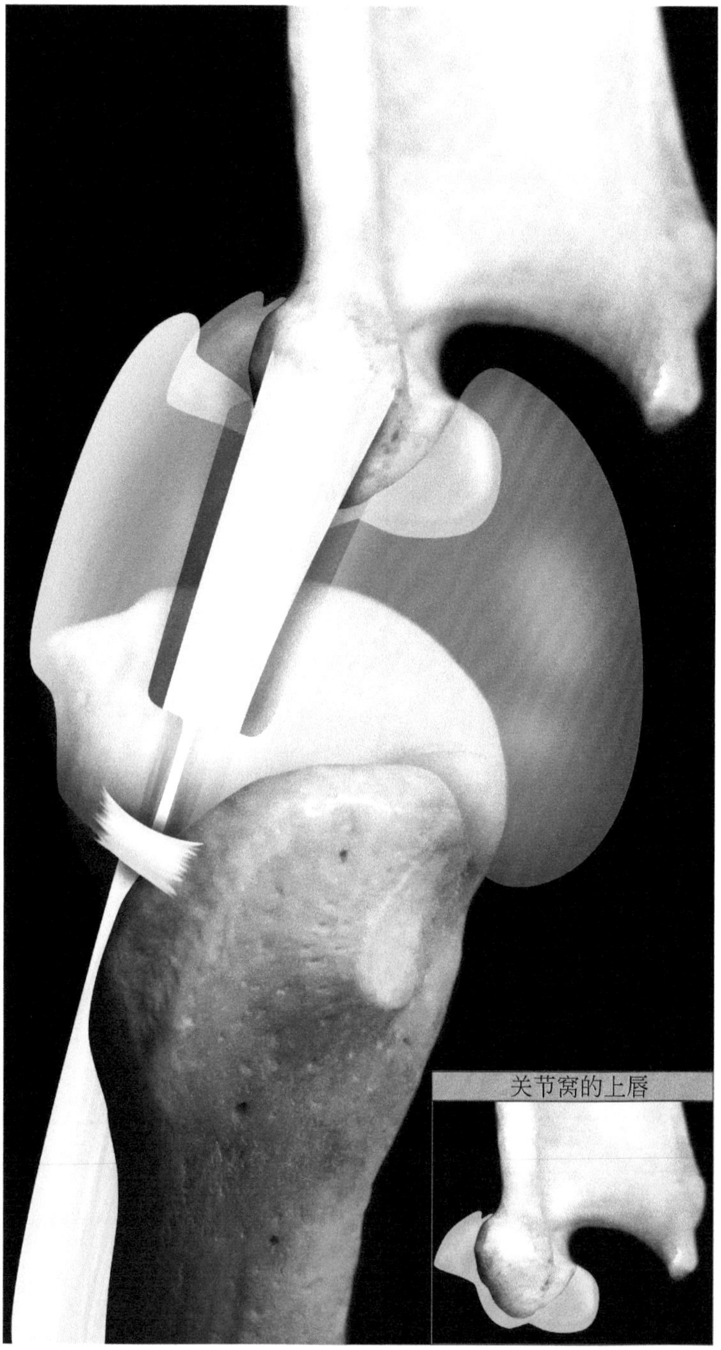

关节窝的上唇

滑膜腔的相互联通

围绕犬肱二头肌肌腱起始部位的滑膜腔与肩关节的滑膜腔是相通的。

在准备对肩关节滑液进行穿刺时，注意这个细节很重要，只要对关节腔进行穿刺就可以达到目的：

- 诊断性抽取样本。
- 注入麻醉剂。
- 注射药物。

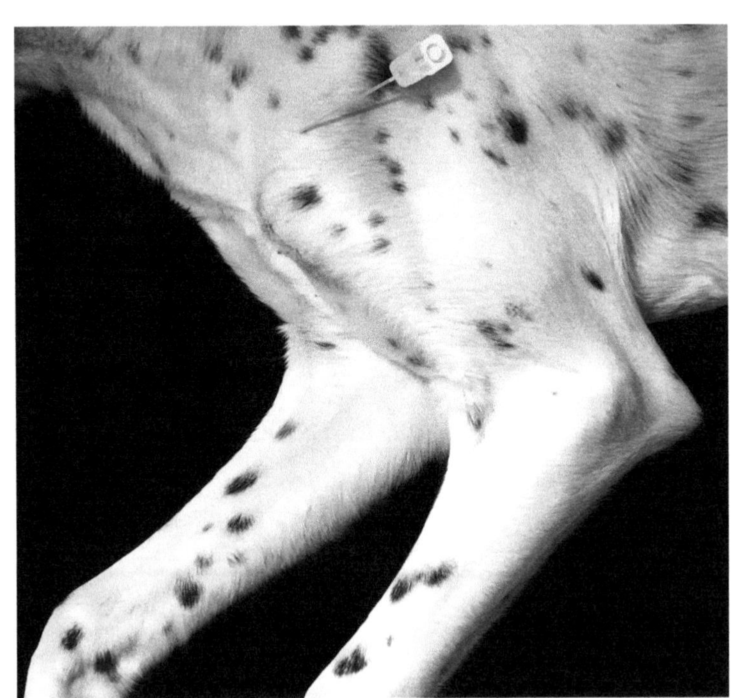

肩关节穿刺术

它可用于对以下疾病的诊断和治疗：

- 分离性骨软骨炎。
- 类骨质疏松体的清除。
- 消除软骨疏松体。

进针处位于如下结构之间：

- **肩峰处。**
- **大结节。**
- **三角肌的肩峰部分。**

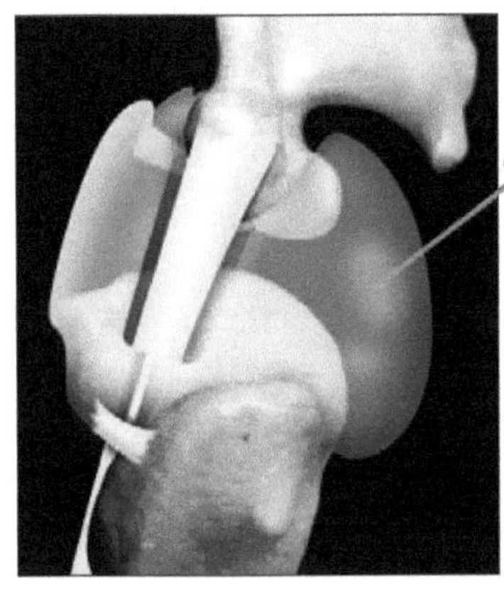

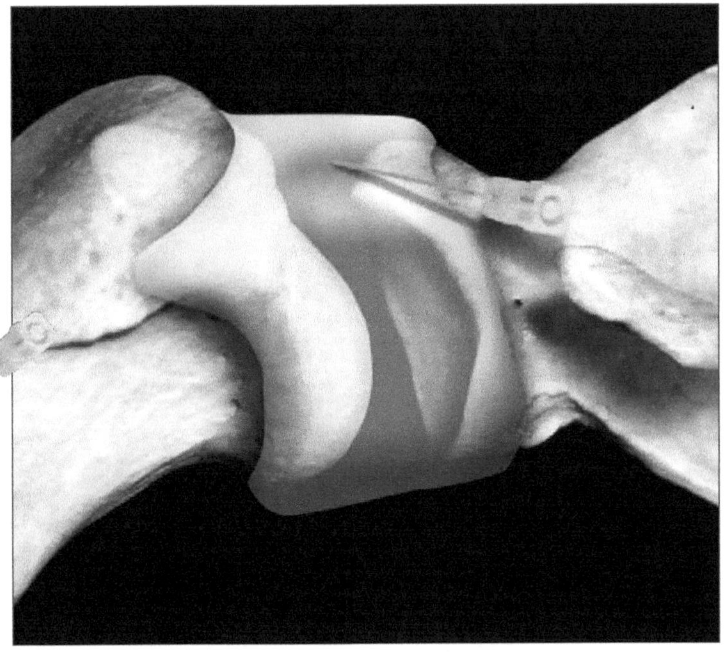

肘关节

关节

肘部有三处骨骼相连接。

- 肱骨远端。
- 尺骨近端。
- 桡骨的近端部分。

这几个关节联系紧密。

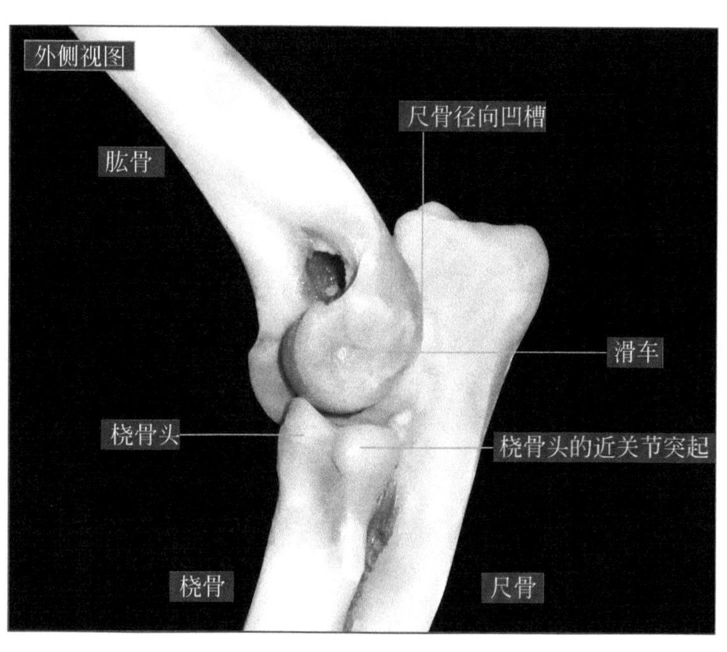

肱尺关节

由肱骨滑车与尺骨滑车组成的关节。

肱桡关节

由肱骨滑车和桡骨头组成的关节。

桡尺骨关节近端

由桡骨头的凹槽与尺骨之间相连的关节，位于鹰嘴以下。

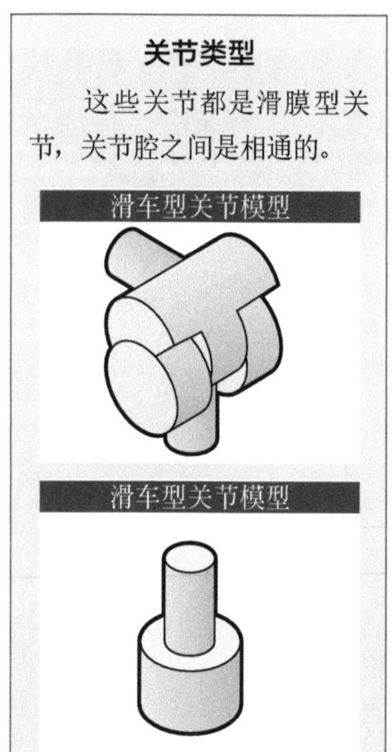

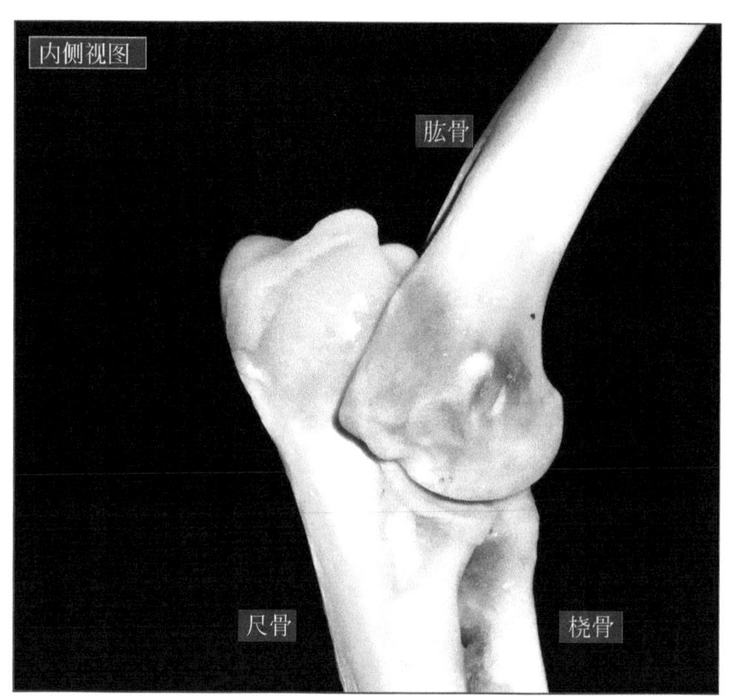

解剖结构和运动方式

肱尺关节和肱桡关节均是滑车关节的组成部分，可以进行屈伸运动。

近端桡尺关节也是滑车的一部分，可以有助于关节进行内旋（旋前）和外旋（旋后）的运动方式。

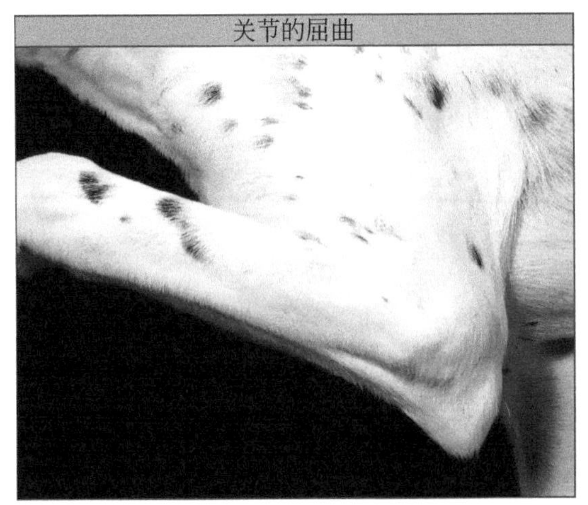
关节的屈曲

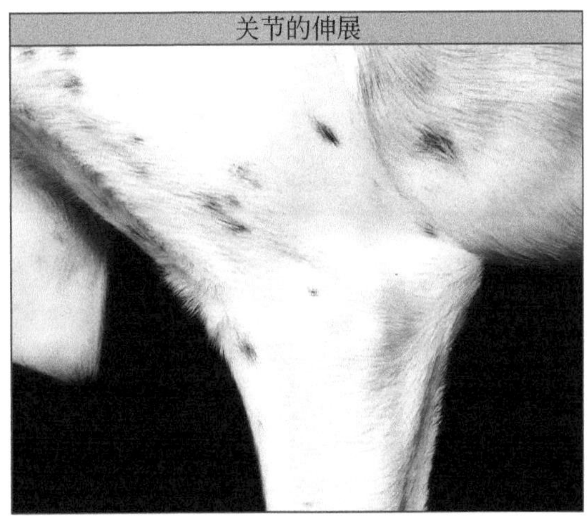
关节的伸展

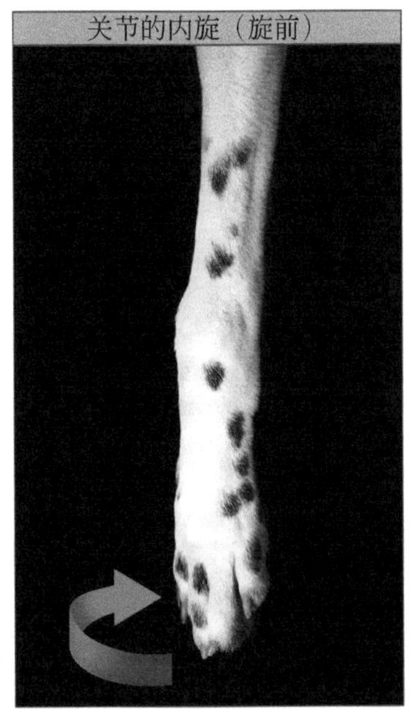
关节的内旋（旋前）

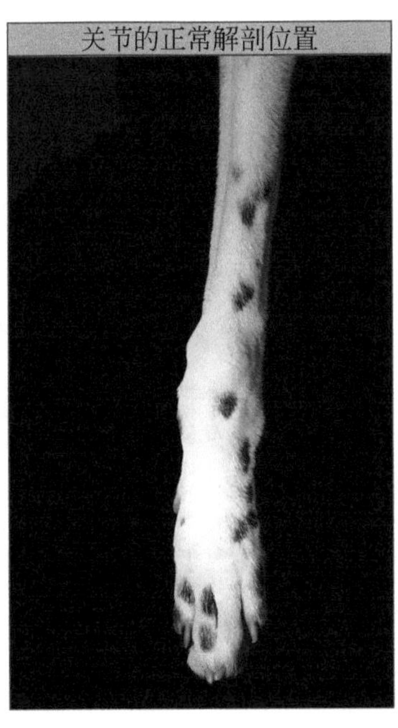
关节的正常解剖位置

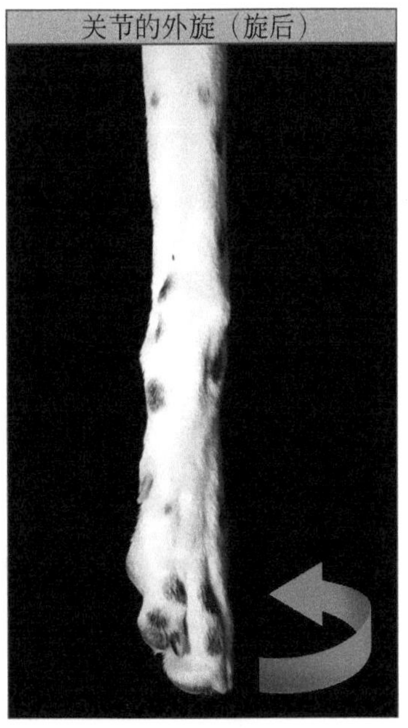
关节的外旋（旋后）

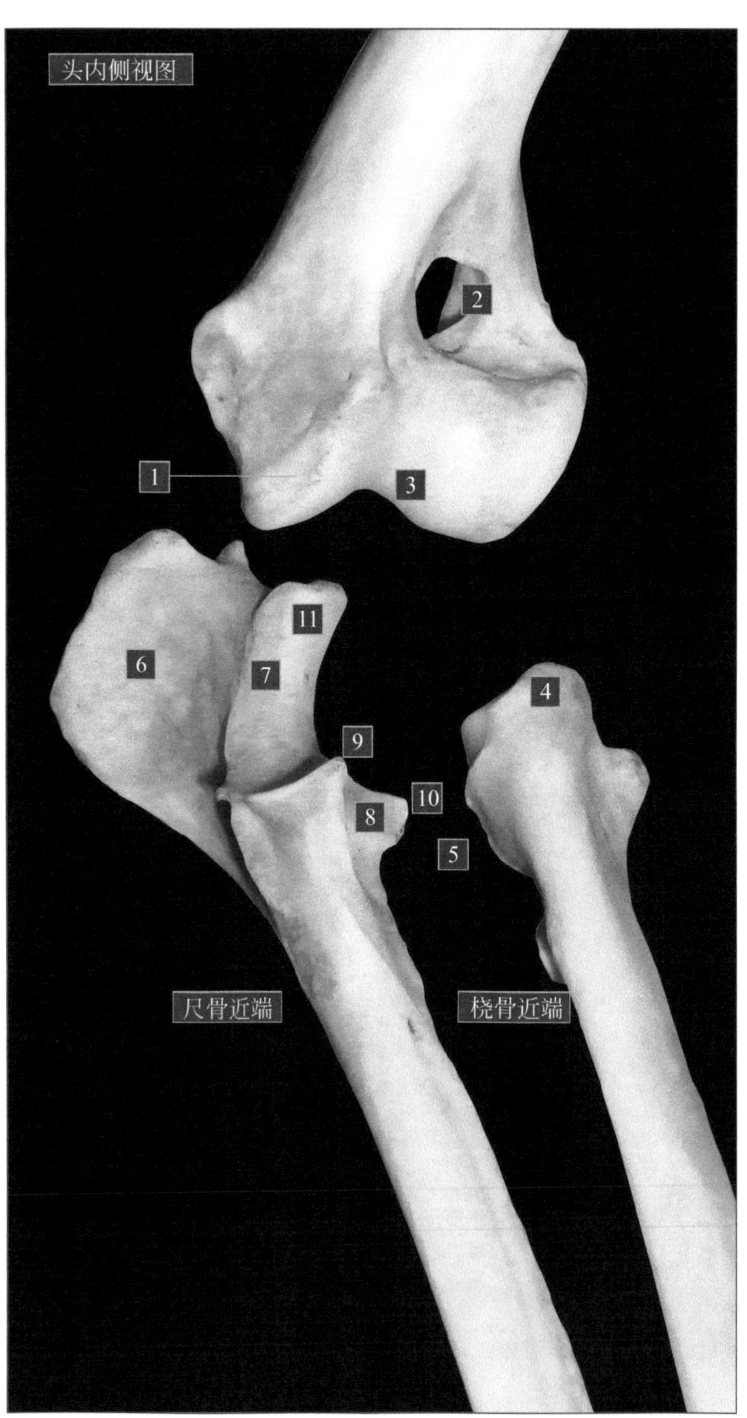

肘部关节的骨骼学

1. 肱骨内侧髁。
2. 滑车上的孔。
3. 滑车。
4. 桡骨近端的突起。
5. 桡骨头。
6. 鹰嘴。
7. 滑车。
8. 尺骨的桡骨切迹。
9. 内侧喙突。
10. 外侧冠状突。
11. 肘部滑车突。

相对于内侧喙突，其外侧冠突的外形及位置使外侧脱位更为常见，特别是在肘关节被动屈曲时更易发生，因此，在治疗肘关节脱位时，应在屈曲肘关节时进行复位。肘关节脱位多发生肘关节屈曲。

中外侧延长X光片

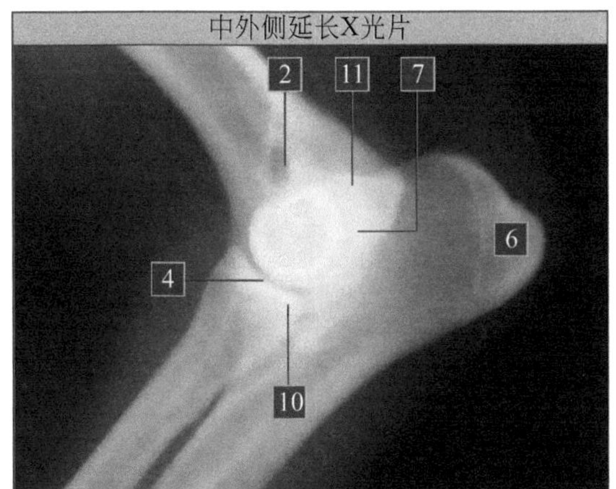

中外侧屈曲 X 线片

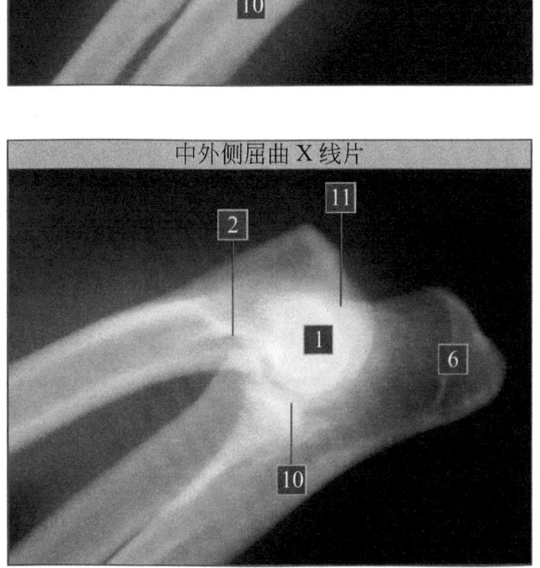

侧卧位摆位

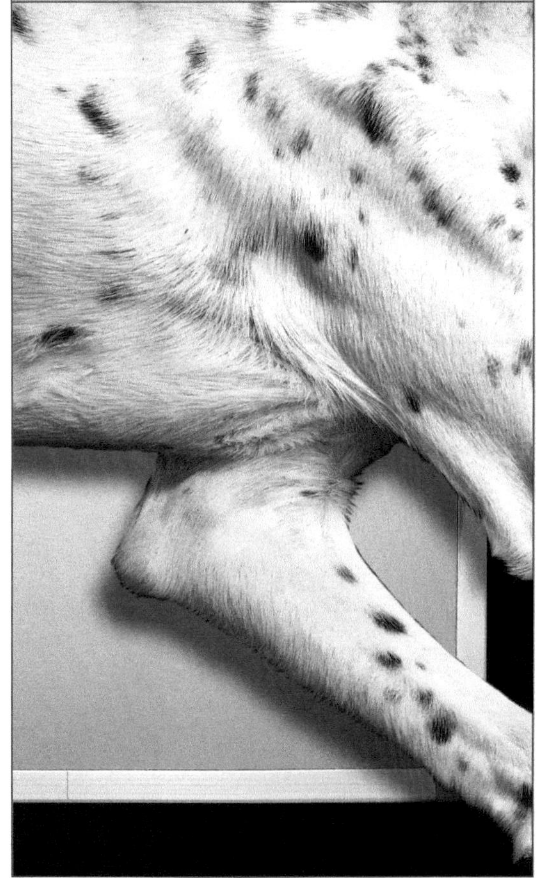

肘关节正位X光片

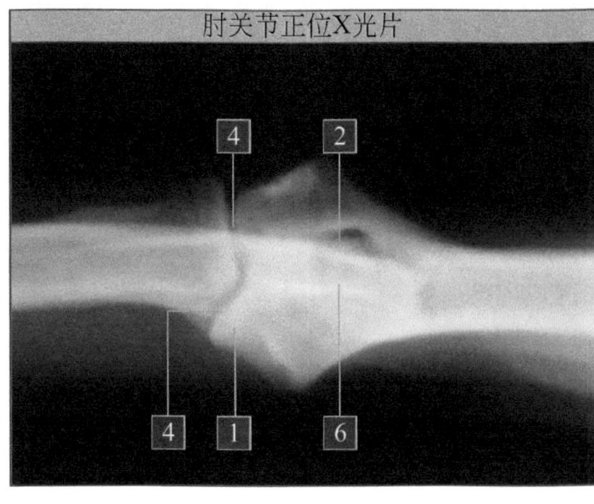

肘关节正位外观

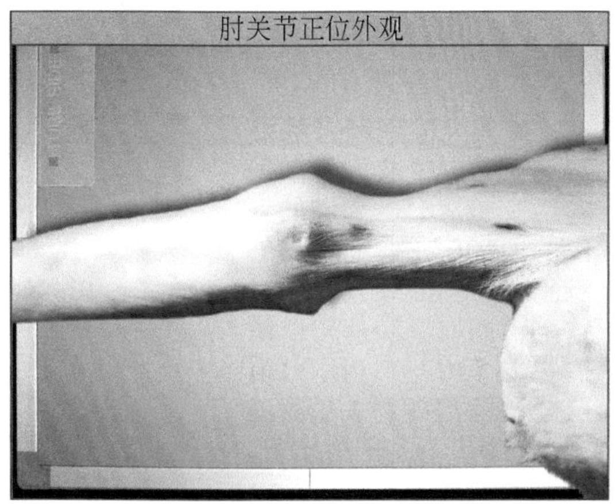

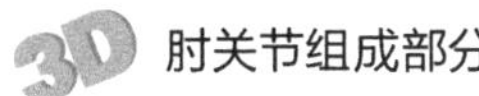

关节组成

关节囊：

关节囊纤维组织覆盖物分成不同的黏囊腔，各个腔彼此相通，关节韧带附着在关节囊的外侧。进行关节穿刺时，只需要对其中一个腔进行穿刺即可。

韧带：

韧带的功能主要是稳定且限制关节过度活动：

1. 鹰嘴韧带。
2. 斜韧带。
3. 桡骨环状韧带。
4. 桡侧副韧带。
   头侧部分；
   中间的部分；
   尾侧部分。
5. 内侧副韧带。
   5a 头侧部分。
   5b 中间的部分。
   5c 尾侧部分。
   5d 横向合并部分。

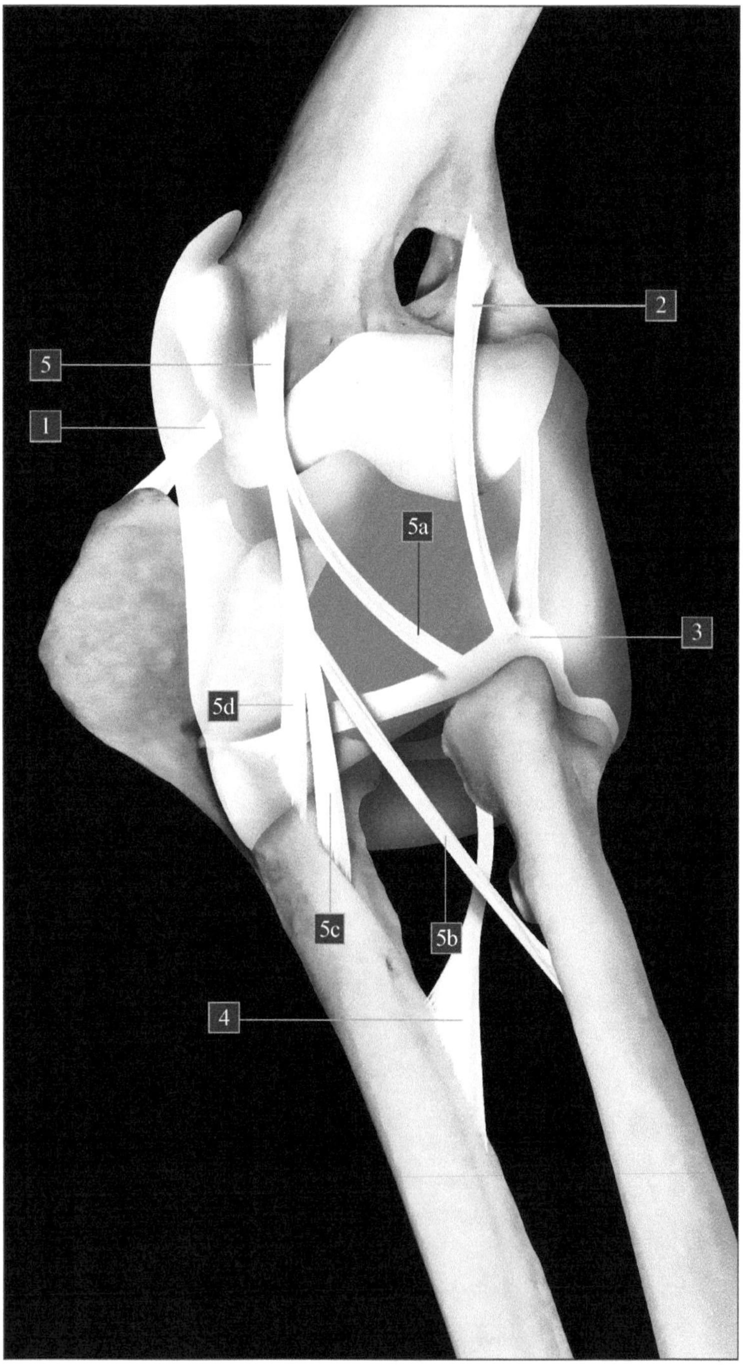

关节内侧副韧带的断裂或关节脱位会导致前臂向后旋转从45°角增加到95°～100°角。而关节外侧副韧带的断裂或脱位导致前臂向前旋转从65°角扩大到130°～140°角。这些试验均在肘关节屈曲成大约90°角时开始进行。

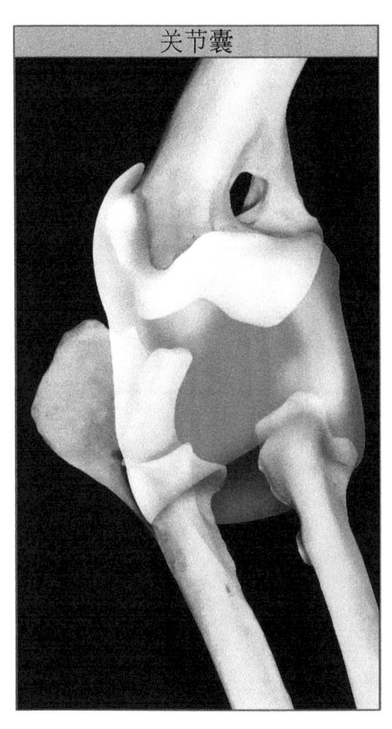
关节囊

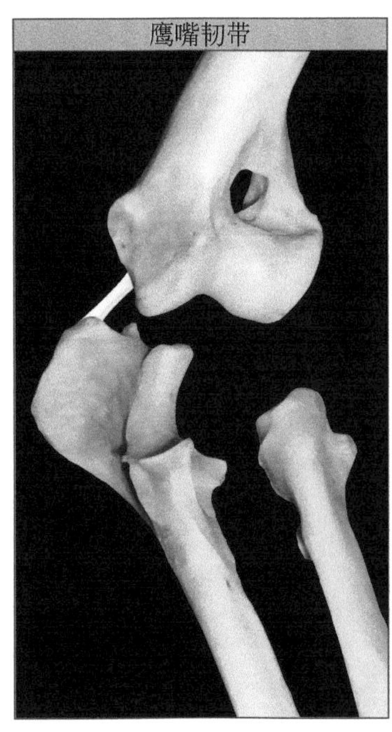
鹰嘴韧带

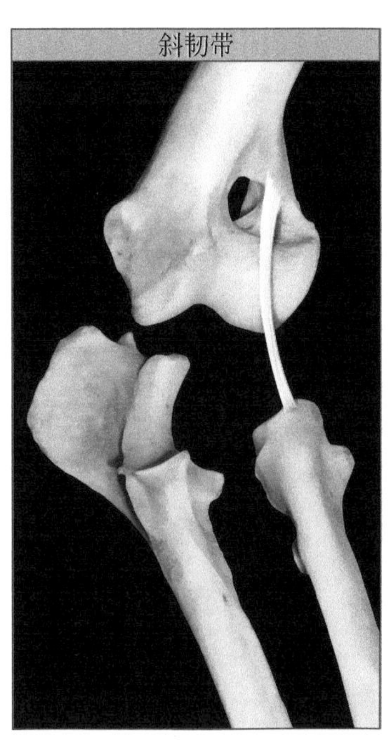
斜韧带

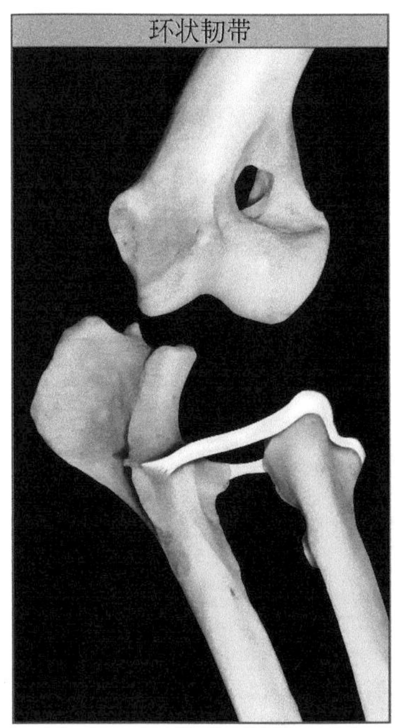
环状韧带

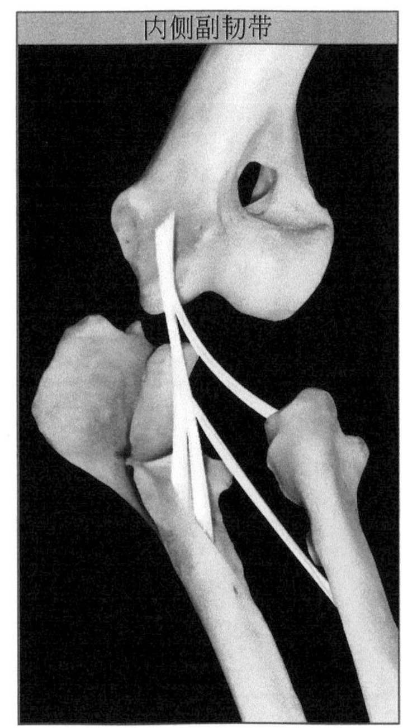
内侧副韧带

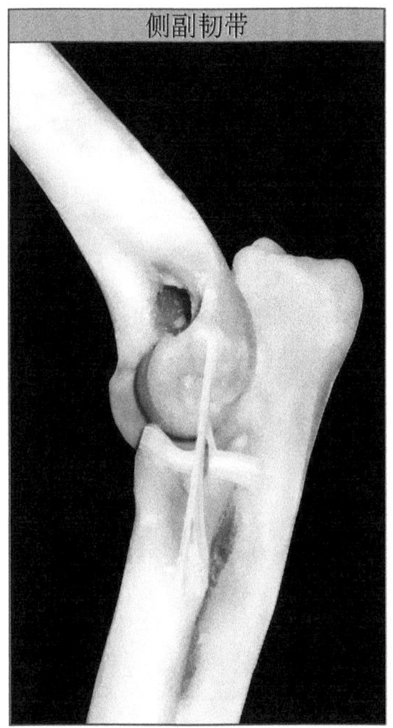
侧副韧带

肘关节相关的肌肉

覆盖肘关节的肌肉中，肱二头肌的远端肌腱和肱肌的肌腱插入内侧副韧带之间，且与韧带形成密切的联系，对稳定关节的功能有极其重要的作用。

肱二头肌肌腱和肱肌的肌腱中分别各含有一块籽骨，且肱二头肌的肌腱远端分叉分别附着于桡尺骨上，有肱肌的肌腱通过肱二头肌的间隙附着于尺骨上。

此外，内侧副韧带与关节囊相连，还有一条强化的腱经过肱二头肌肌腱附着点附近。

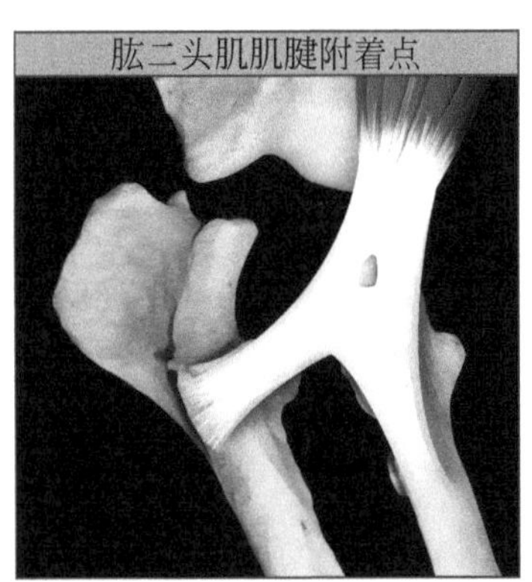
肱二头肌肌腱附着点

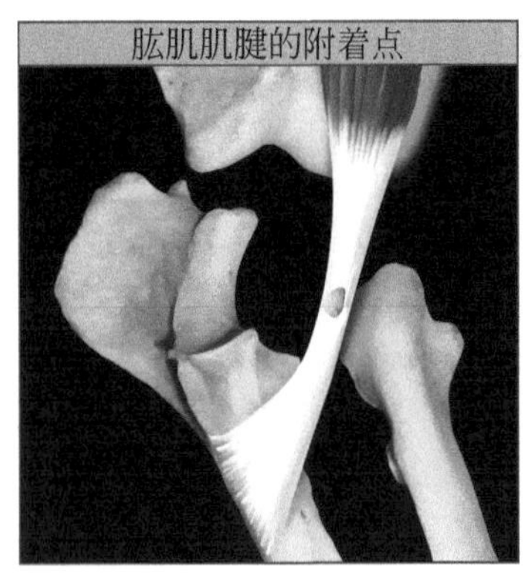
肱肌肌腱的附着点

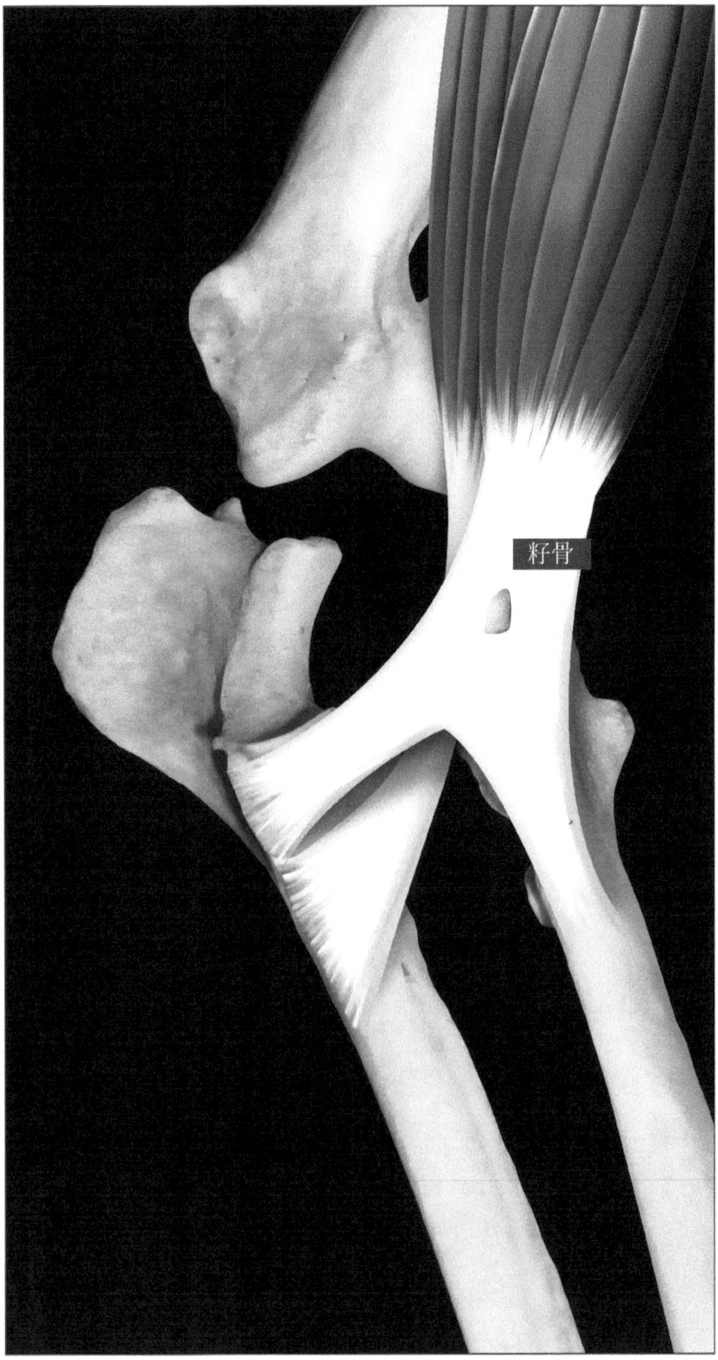

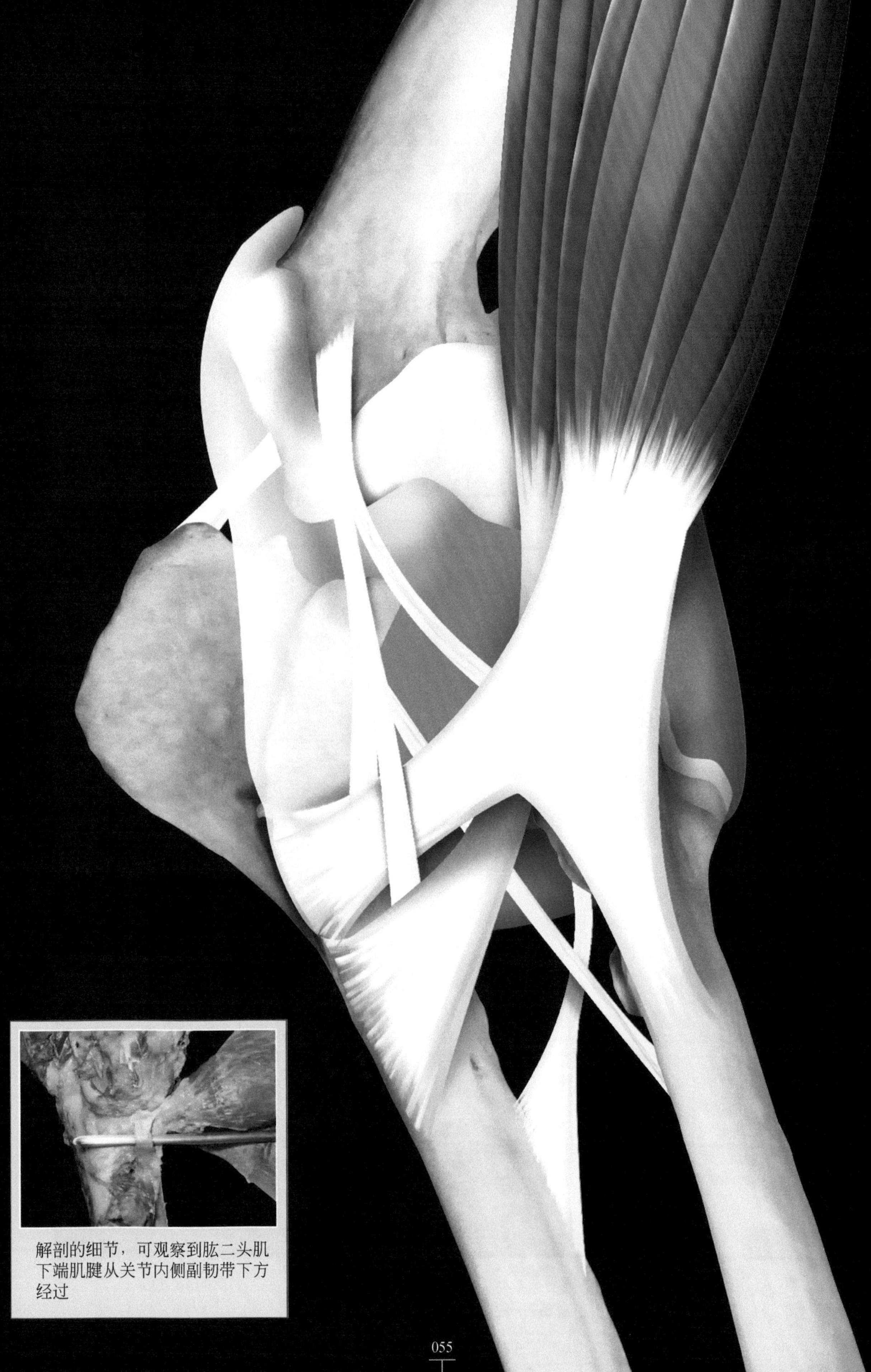

解剖的细节，可观察到肱二头肌下端肌腱从关节内侧副韧带下方经过

肘部发育不良

肘部发育不良（ED）是多基因引发的疾病的总称。包括四种病因，它们可以单独发生，也可以同时发生：

● **内冠突骨折（FCP）**

原发病灶为内侧冠状突外侧部发生碎裂或裂隙。

● **发生在肱骨内侧髁的分离性的骨软骨炎（OCD）**

由于软骨内成骨失败而引起的关节软骨分裂，进而导致软骨细胞坏死引起的炎症。最后，病变可能变得更为严重，并因此释放软骨瓣或剥脱线粒体碎片（游离体）进入关节腔。

● **肘突不联合（UAP）**

该病发生表明骨化失败，骨化可将尺骨隐突和尺骨的其余部分连接在一起。

● **桡尺骨功能不协调（RUI）**

是由于桡尺骨生长不足引起的，是桡骨或尺骨远端生长机制（生长板）过早闭合造成的。这会导致关节活动不协调，并引发骨关节炎。

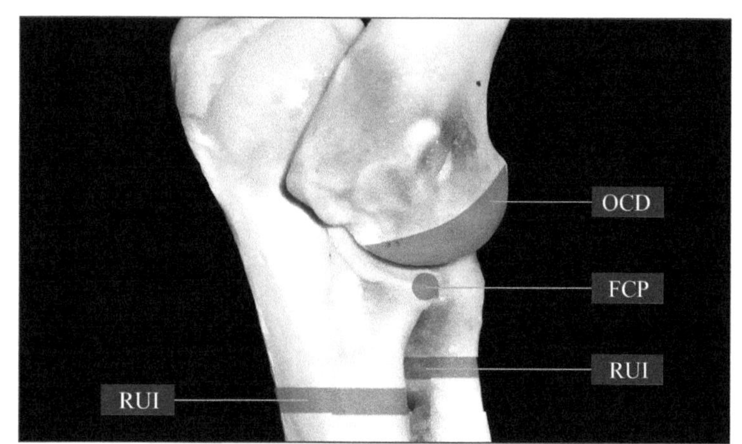

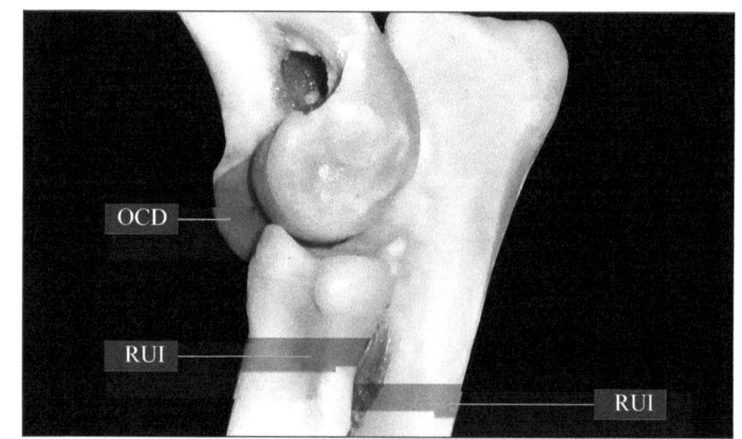

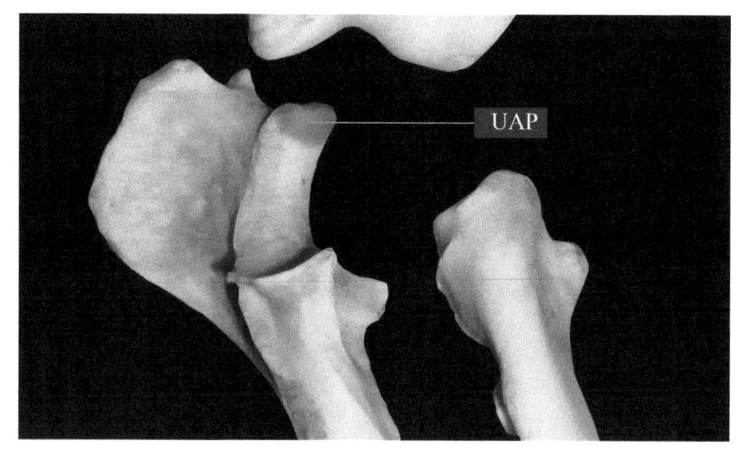

3D 肘关节发育不良

临床注意事项

犬肘关节有许多先天性的疾病发生，而前肢先天性疾病，无论在病例数量上，还是在患病动物表现以跛行为主症状的疾病上，以肘部发育不良（ED）发生较多。

病理

跛行是ED最主要的临床症状。动物站立时会将患肢肘部内收，将患肢承担的体重向关节外侧偏移。临床视诊可见到患病动物站立姿势的明显异常。在患肢的X线照片上骨赘可观察到明显的病变，这与关节发生退行性关节病（DJD）相关。

诊断

肘关节发育不良的诊断主要根据肘关节的影像学结果。有时患肢跛行时有时无，这与继发性关节退行性改变（骨关节炎）的严重程度有关。

流行病学

肘关节发育不良主要发生在中型和大型犬种，雄性犬比雌性犬更容易发生，两前肢同时发生占ED病例的20%～30%。

动物矫形基金会（OFA）（http://www.offa.org）对许多犬种的ED病例进行了统计，结果如下。

不同犬种肘关节发育不良发生率

单位：%

犬种	发生率	犬种	发生率	犬种	发生率
松狮犬	45.7	戈登塞特犬	11.7	大丹犬	4.1
罗特韦尔犬	41.3	金毛猎犬	11.6	比利时牧羊犬	4.1
伯尔尼兹山犬	30.1	爱尔兰猎狼犬	10.9	比利时特武伦牧羊犬	4
沙皮犬	27.4	马里努阿犬牧羊犬	10.6	爱尔兰赛特犬	3.9
纽芬兰犬	26.3	藏獒	9.9	古代长须牧羊犬	3.7
巴西獒	20.3	法兰德斯牧牛犬	8.4	短尾猫	33.6
德国牧羊犬	19.8	巨型雪纳瑞犬	8.2	阿拉斯加雪橇犬	3.5
美国斗牛犬	19.4	白警犬	8	库顿德图莱亚尔犬	2.8
美国比特犬	16.5	罗得西亚脊背犬	6.5	萨莫耶德犬	2.8
侦探犬	16	安那托利亚牧羊犬	6.3	维西拉猎犬	2.6
英国塞得犬	16	荷兰犬	5.9	比利牛斯山脉的山地犬	2
獒	15.5	威尔斯激飞猎犬	5.3	古代长须牧羊犬	2.1
斗牛獒	14	切萨皮克海湾寻回犬	5.1	牧羊犬	1.8
英国施普林格猎犬	13.7	彭布罗克威尔士科基犬	4.7	贵宾犬	1.7
澳洲牧牛犬	13.5	澳大利亚牧羊犬	4.5	葡萄牙水犬	1.6
大瑞士山地犬	13	利昂伯杰犬	4.4		
拉布拉多	12	德国钢毛波音达犬	4.1		

关节穿刺术

● **穿刺方法1**

先将肘部弯曲45°，自肱骨外侧上髁和鹰嘴的前背侧缘之间，向关节内侧和肢体远端方向进针。

● **穿刺方法2**

肘部稍微弯曲，从副韧带头侧、外侧上髁下方，垂直于肘部外侧进针。

关节穿刺术1

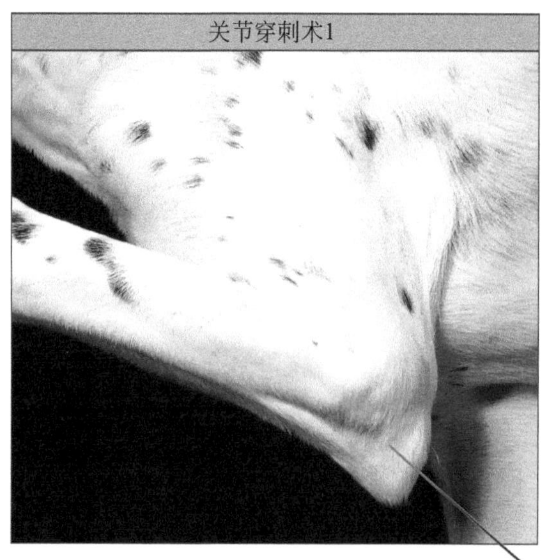

关节穿刺术1

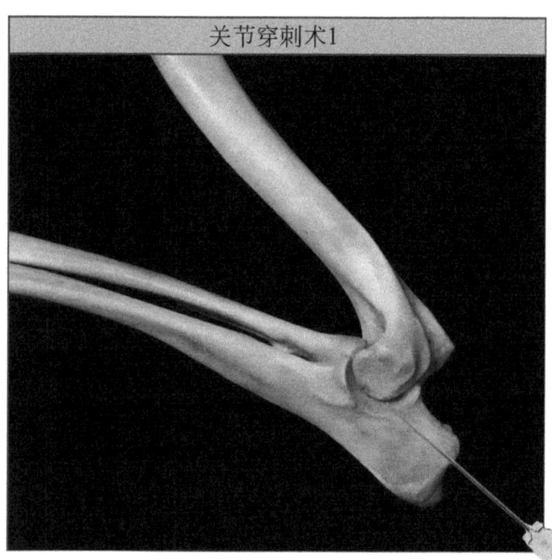

关节穿刺术2

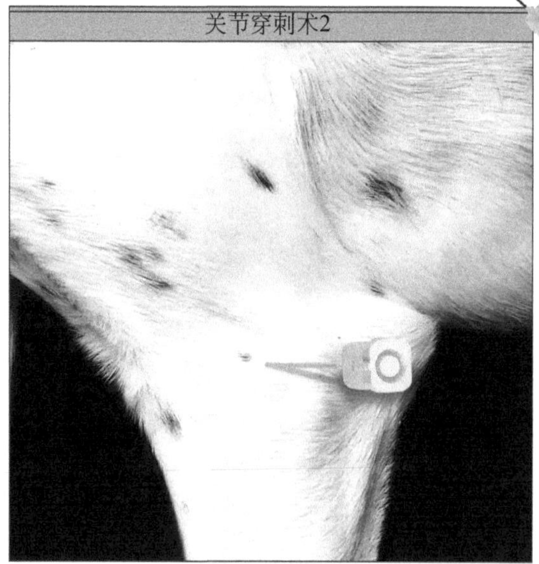

关节穿刺术2

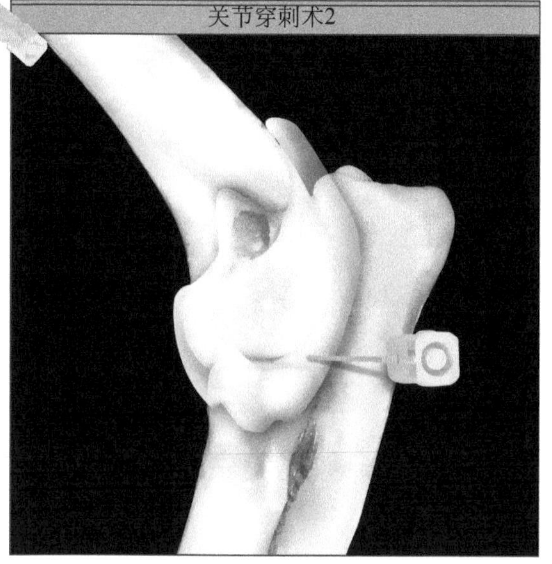

3D 肘关节脱位的复位

肘关节脱位

肘关节脱位的复位通常可以通过闭合性整复来实现，这需要分两步进行以下操作：

肘关节脱位复位

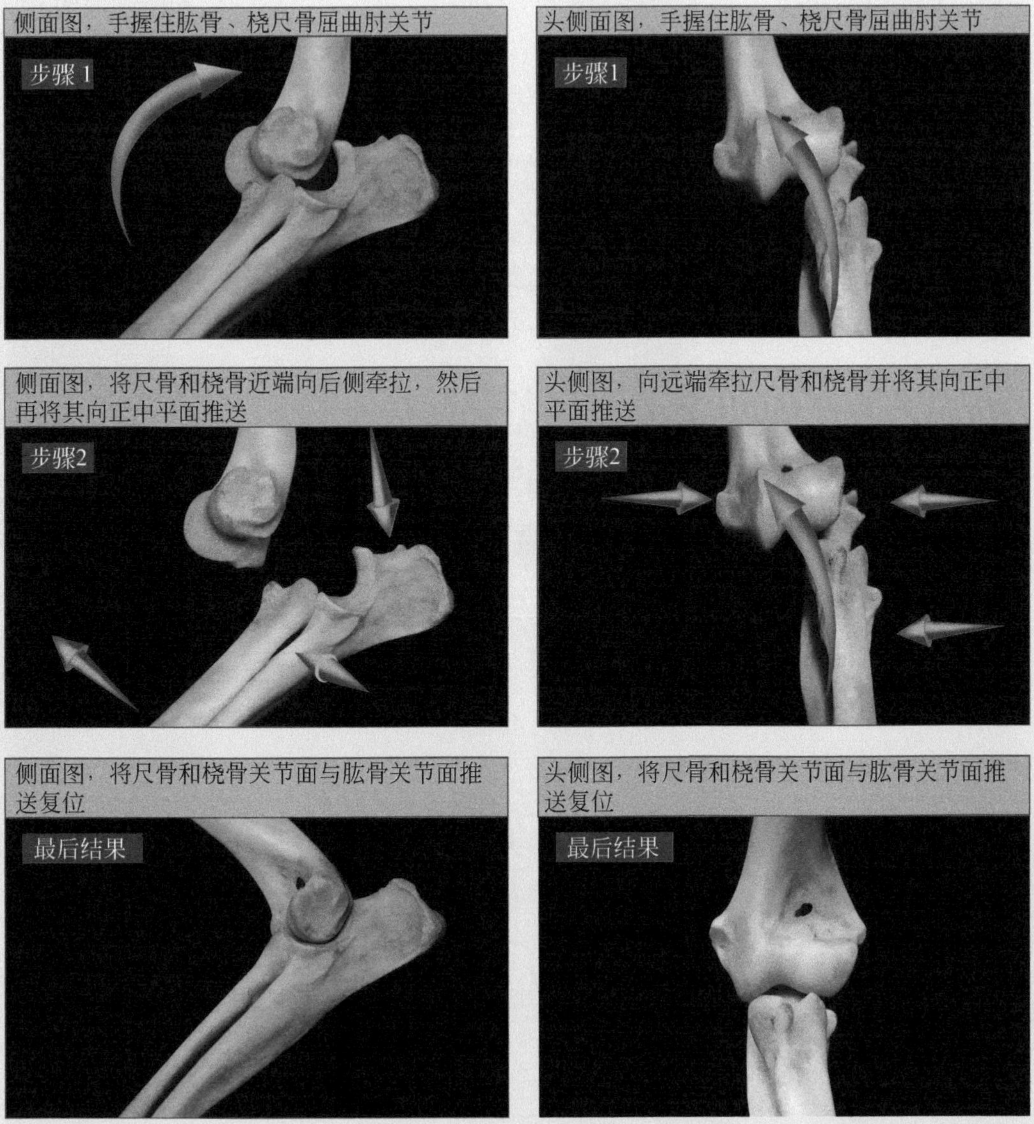

侧面图，手握住肱骨、桡尺骨屈曲肘关节

步骤 1

头侧面图，手握住肱骨、桡尺骨屈曲肘关节

步骤1

侧面图，将尺骨和桡骨近端向后侧牵拉，然后再将其向正中平面推送

步骤2

头侧图，向远端牵拉尺骨和桡骨并将其向正中平面推送

步骤2

侧面图，将尺骨和桡骨关节面与肱骨关节面推送复位

最后结果

头侧图，将尺骨和桡骨关节面与肱骨关节面推送复位

最后结果

腕关节

关节

桡尺骨远端关节

为滑液关节，从功能上可称其为髁状关节，位于桡骨尺骨远端之间。

前臂骨与腕骨之间关节

尺骨和桡骨的远端部分和近端腕骨之间的滑膜关节。从功能上可称其为滑车关节。

腕骨间关节

滑膜型关节（平面关节），位于同排腕骨的每两块骨头之间。

腕中关节

滑膜关节，位于腕骨近端和远端骨之间。从功能上可称其为滑车关节。

豌豆状骨（副腕骨）关节

滑膜关节，位于舌状骨、尺骨掌侧面和锥体骨之间。几乎没有运动。

腕掌的联合

滑液关节，位于腕关节远端和掌骨近端之间。从功能上可称其为滑车（枢轴）关节。

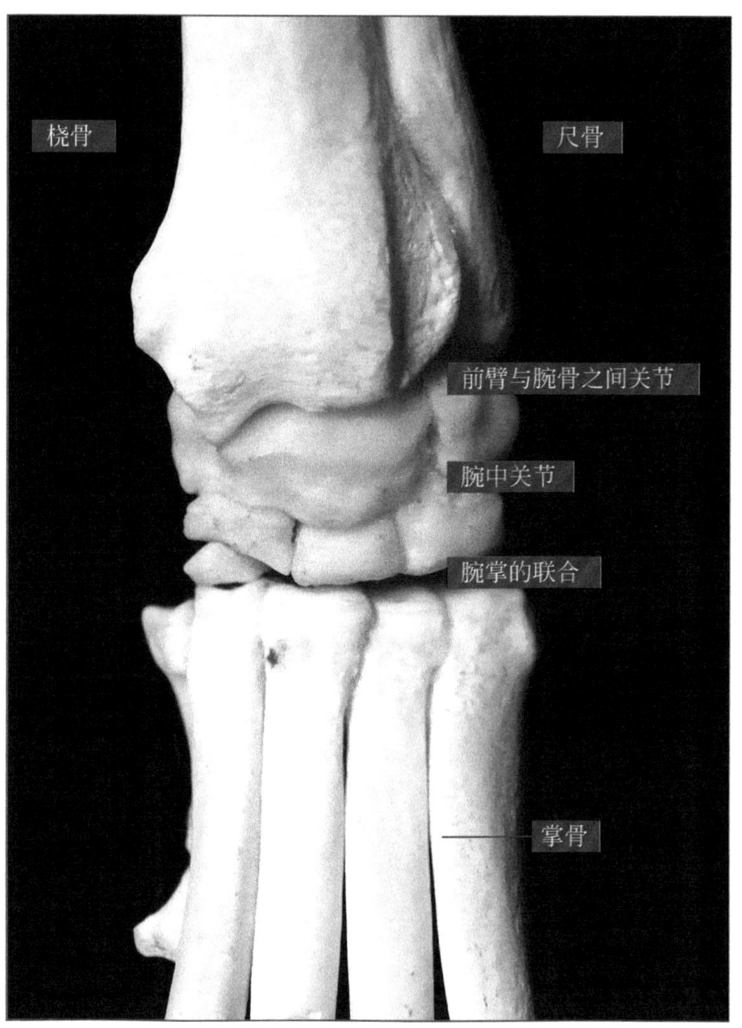

关节类型：上述关节均为滑车型。

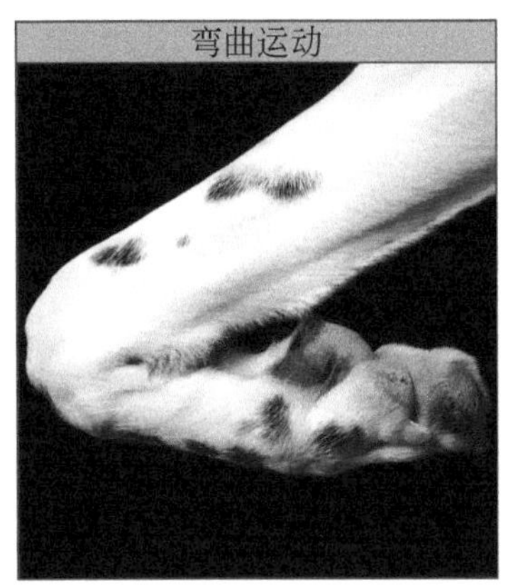

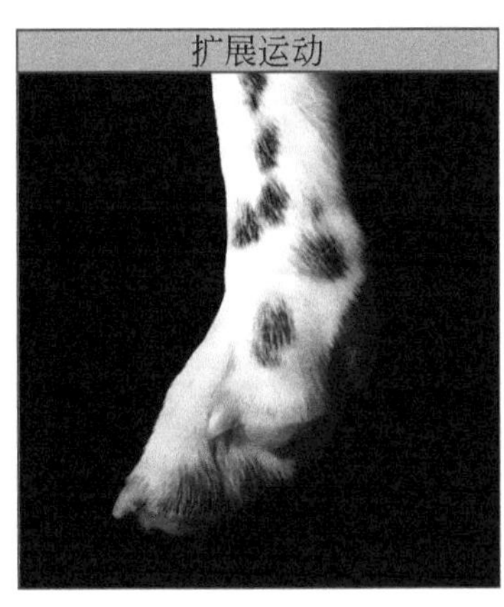

解剖结构和运动方式

构成腕关节的骨头无论其结构外形如何，相互之间组成的这些关节功能上均为滑车关节，其关节运动在近端可屈曲（前臂与腕关节之间屈伸95°，腕掌之间屈伸45°）。也可以做小的横向运动。腕间关节的活动能力很小。骨骼间小范围的运动是为了吸收冲击（抗震荡机制），从而分散支撑过程中产生的力量。

远端桡尺关节允许小旋转，以促进前臂旋后或旋前。

腕骨的骨骼学

1. 豌豆状的骨（腕组成）。
2. 新月状的骨（腕桡关节）。
3. 三角形腕骨（尺腕骨）。
4. 钩状骨（腕骨Ⅳ）。
5. 头状骨（腕骨Ⅲ）。
6. 梯形骨（腕骨Ⅱ）。
7. 梯形骨（腕Ⅰ）。

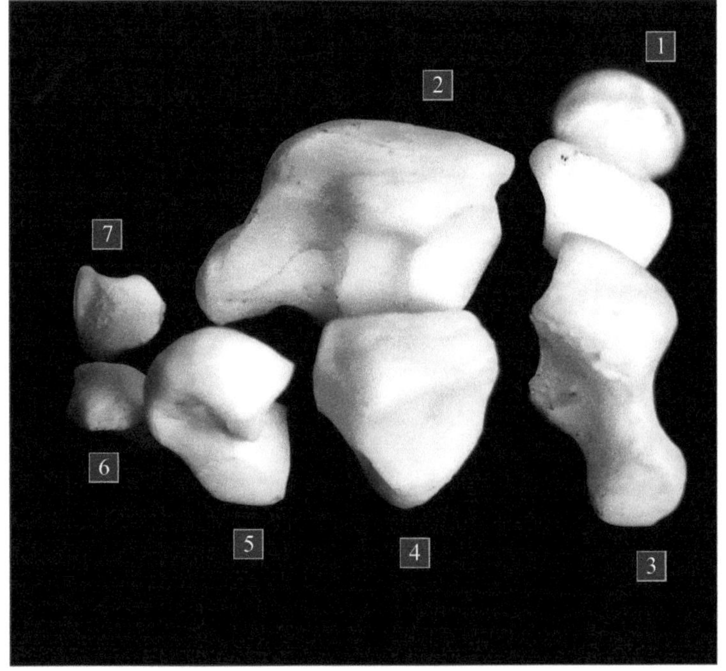

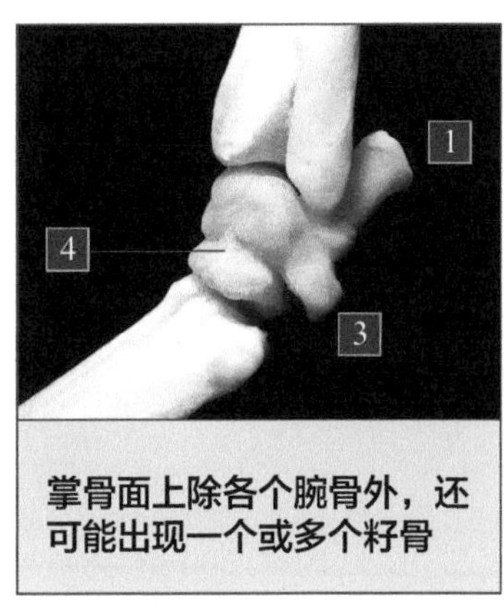

掌骨面上除各个腕骨外，还可能出现一个或多个籽骨

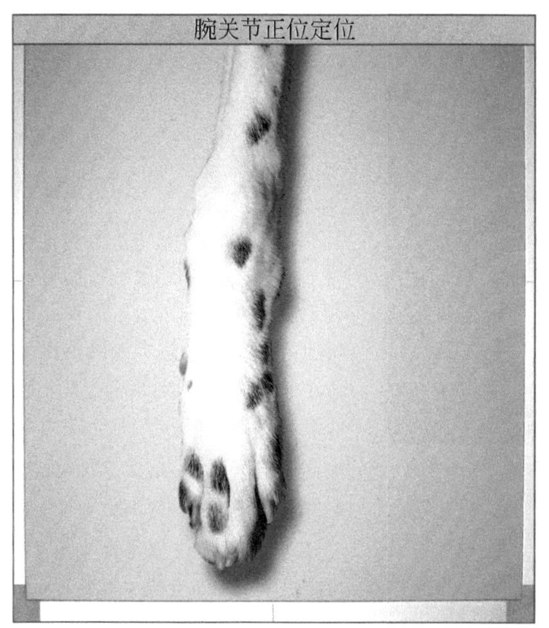

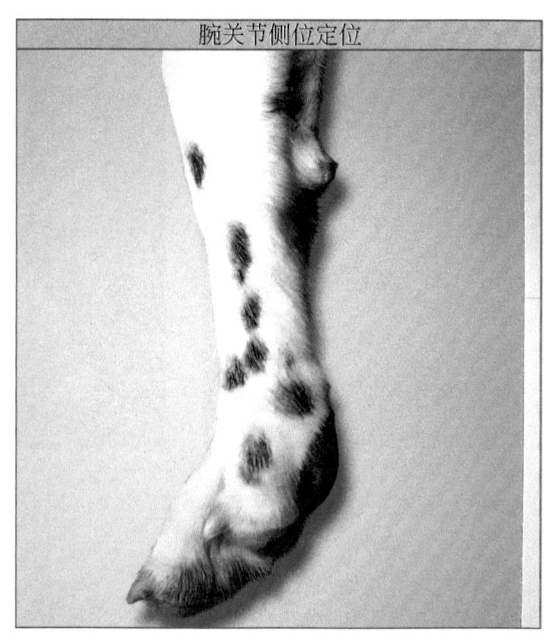

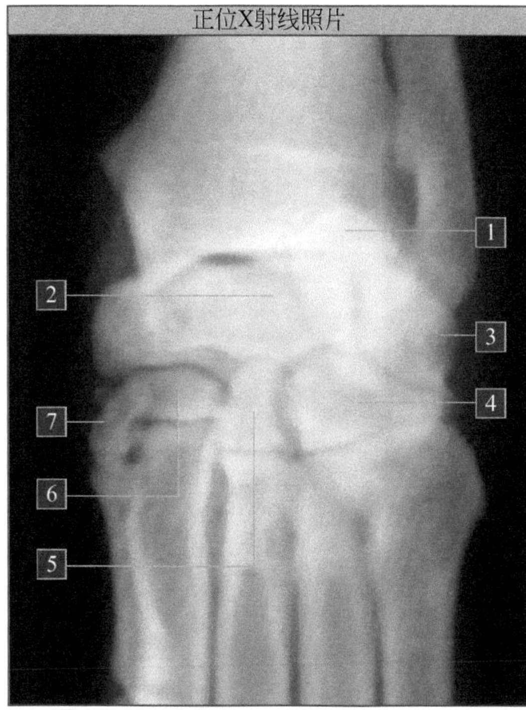

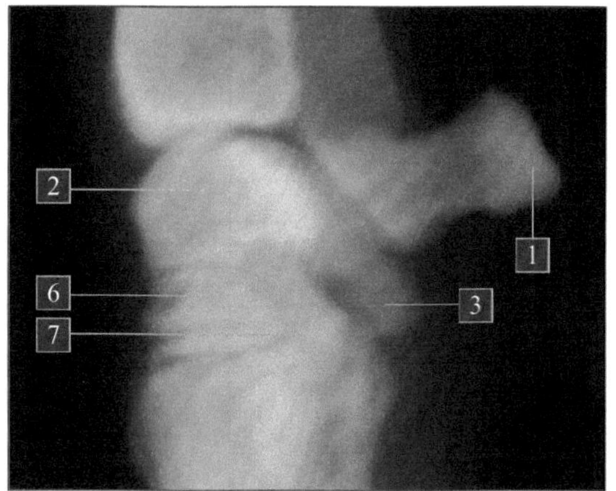

1. 豌豆状腕骨（腕骨）。
2. 月状骨（桡侧）。
3. 三角形腕骨（尺侧）。
4. 钩状腕骨（腕Ⅳ）。
5. 头状腕骨（腕Ⅲ）。
6. 梯形腕骨（腕骨Ⅱ）。
7. 梯形腕骨（腕骨Ⅰ）。

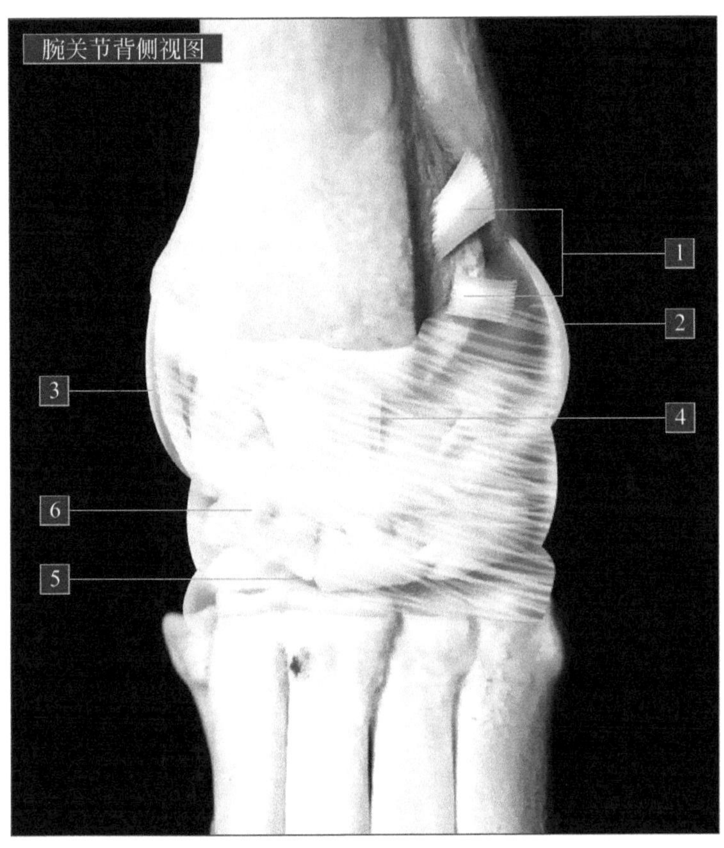

在功能性滑车结构中，由于外侧副韧带缺失，使关节活动性加大。

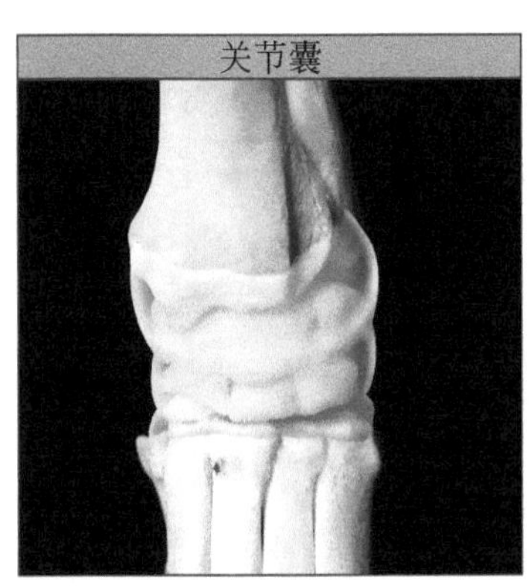

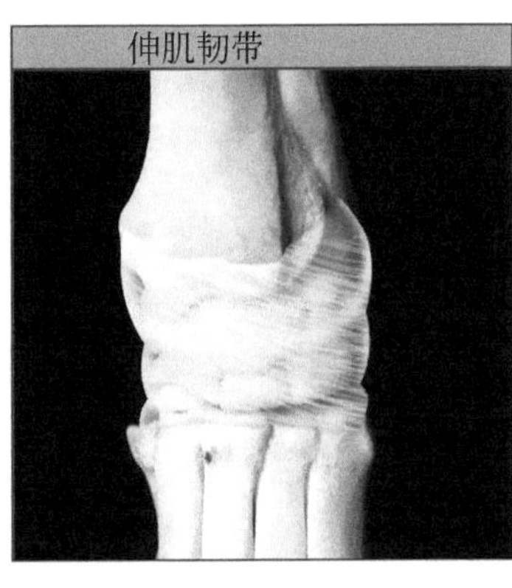

关节组成

关节囊

纤维滑膜覆盖了上述所有关节。

- 桡尺骨远端。
- 腕关节前背侧。
- 腕关节内侧。
- 腕关节中部。
- 豌豆状骨关节（副腕骨）。
- 腕掌的关节。

在纤维整体包裹下，每个关节形成各自的滑膜囊，其中一些是相互通联的，这些包括：

- 对应桡尺关节远端和腕前关节。
- 对应于中腕关节和腕掌骨关节。

韧带

1.伸肌韧带（肌腱）位于关节背侧。

2.桡尺韧带参与构成部分骨间膜。

3.外侧副韧带，其从前臂骨侧面连接茎状突外侧和腕骨。

4.经过腕关节的前臂部韧带，以腕桡侧伸肌的韧带最为粗大。

5.腕骨背侧韧带，位于腕骨与掌骨之间（类似掌侧韧带）。

6.背侧腕骨间韧带，位于背侧远侧和近侧行骨之间（也有其他等效的掌韧带）。

7.位于腕骨与腕骨之间的韧带（由于位于骨的关节面之间，所以无法看到）。

相关的肌肉

与背侧韧带（伸肌）相联系的各个肌肉韧带形成鞘膜。它们是：

1.腕桡侧伸肌。
2.指总伸肌。
3. 指外侧伸肌。
4.拇长伸肌。
5. 第一与第二指伸肌。

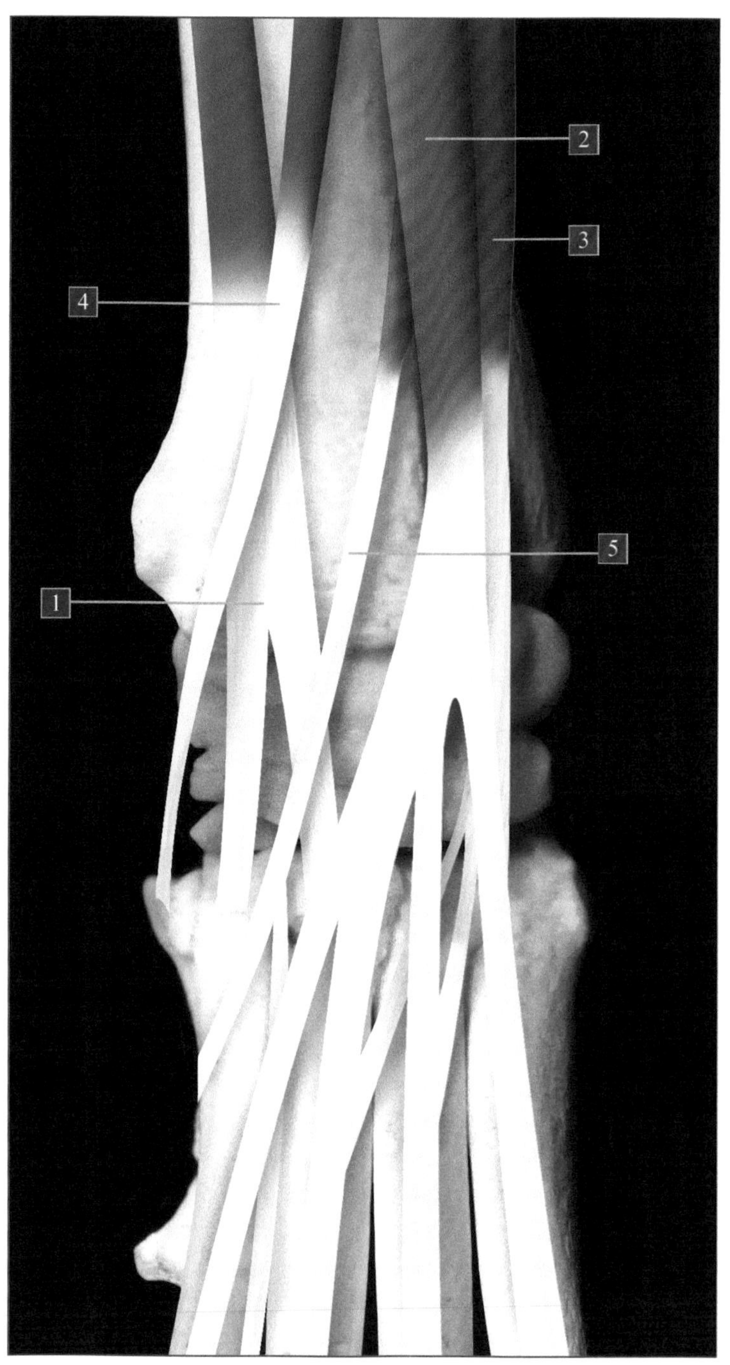

在掌侧韧带（屈肌）的下方，还有这些屈肌的肌腱穿过腕屈肌的管道下行：

1. 指浅屈肌。

2. 深指屈肌。

桡神经、尺神经、骨间动脉和静脉以及正中神经与尺神经也通过腕屈肌管道。

掌侧韧带

掌侧屈肌肌腱，其可封闭腕屈肌管。

1.尺副韧带，其掌侧与腕尺韧带相连。它也有背侧部分。

2.腕骨间韧带，它连接Ⅴ和Ⅳ掌骨的骨突部分。

3.三角形腕骨韧带，其与三角（锥体）骨的多个外侧面相连接。

腕侧韧带和腕尺侧韧带

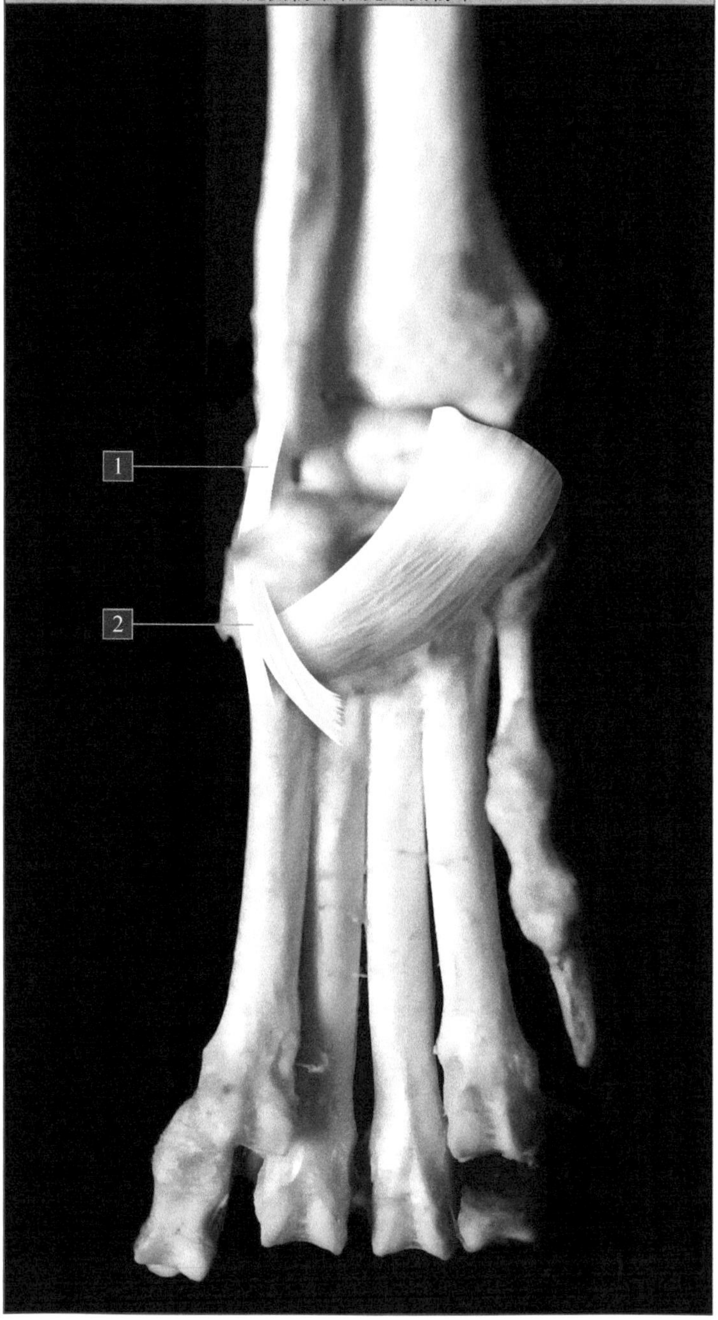

1

2

三角形腕骨韧带和尺副韧带

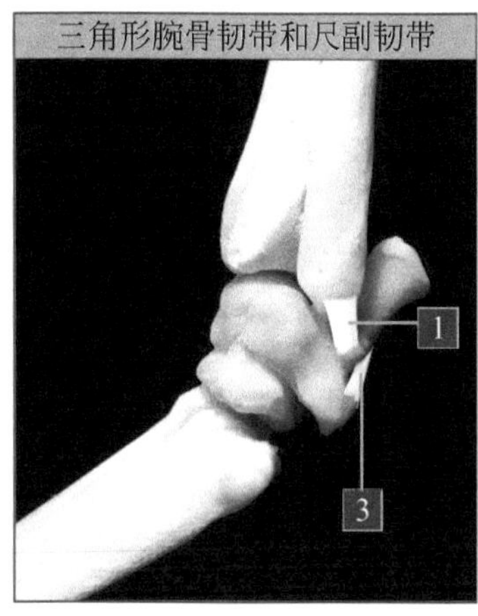

关节穿刺术

- 穿刺点在关节背侧面。
- 将腕关节屈曲。
- 穿刺点可根据触诊来定位，位于指总伸肌和腕桡侧伸肌肌腱之间的凹陷处。

覆盖腕关节的滑膜囊在臂骨远端（与腕骨相交处）为最大活动范围处，此处可触及适合穿刺的背侧小凹陷。如果在那儿穿刺关节腔注射任何药物，可影响到组成共享滑膜腔的每个关节（桡尺骨远端与腕骨之间、腕骨与腕骨之间、中腕骨与掌骨之间形成的关节）。

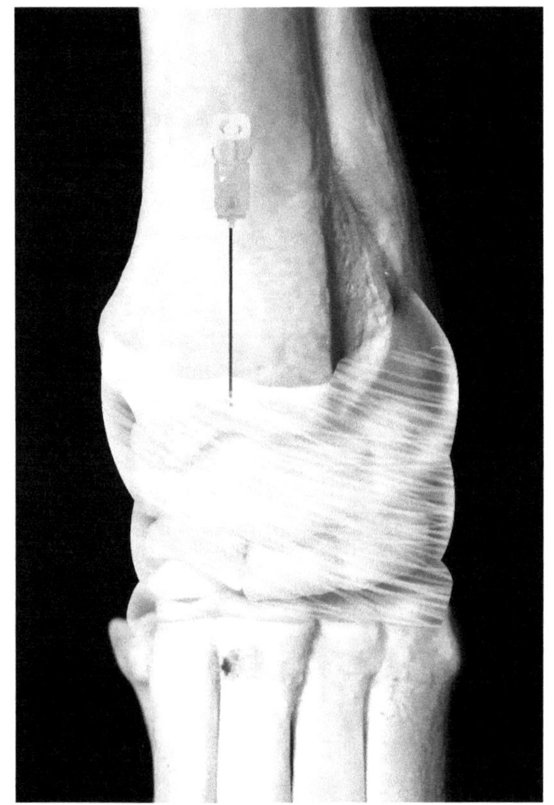

由于在跳跃或跌落时关节被迫伸展，这个部位最常见的损伤是关节韧带的脱位和半脱位，而不是跨越关节的肌肉及肌腱。

临床病例的调查总结显示，相关关节病变的发病率如下：

- **桡尺骨远端关节，发病率很低。**
- **前臂骨与腕骨关节占10%。**
- **腕间关节价值不大。**
- **腕中关节占25%。**
- **豌豆状骨关节（腕附件）不显著。**
- **腕骨与掌骨间关节占50%。**
- **掌和中腕的结合关节占15%。**

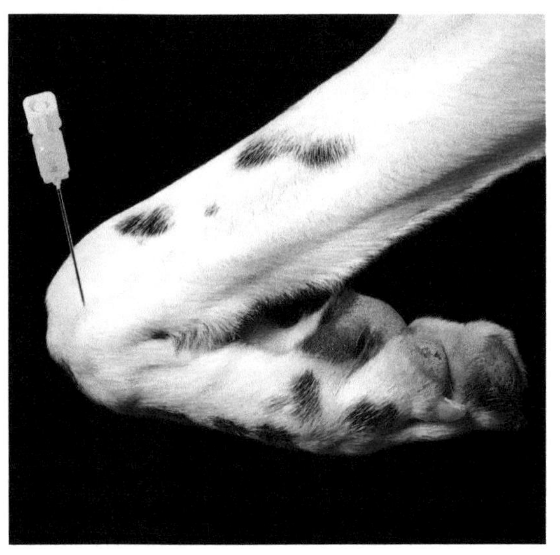

掌骨与指骨关节

掌骨之间关节

掌骨之间韧带的联合，不是由滑膜，而是由纤维弹性组织永久地连接骨骼形成的。

掌指的关节

滑膜关节位于每个掌骨和近节指骨之间。而且在功能上它们是滑车关节，它们有籽骨。

在第一指中，从腕骨开始，发现共有三节骨头。

其他指有四节，离腕骨最近的称为掌骨（这时手指只有两个指骨）或指骨（这时手指没有掌骨）。

关节类型

以上提及的关节都是滑膜关节。

滑车模型

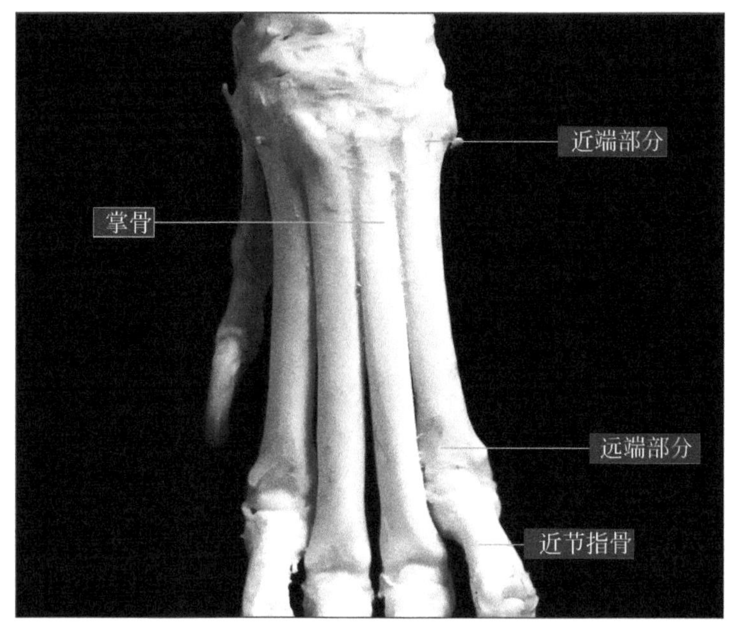

骨骼的解剖结构和运动

掌指关节的滑车结构使手指可做屈曲和伸展运动以及缓解由此而来的冲击。

掌骨间相邻掌骨的外侧或内侧扁平表面相结合形成较为紧密的结构，因而它们的活动范围非常小，只能在掌骨之间的小空隙发挥抗冲击的功能，以便在负重过程中分散力量（增强支持力和抗冲击力）。

弯曲运动

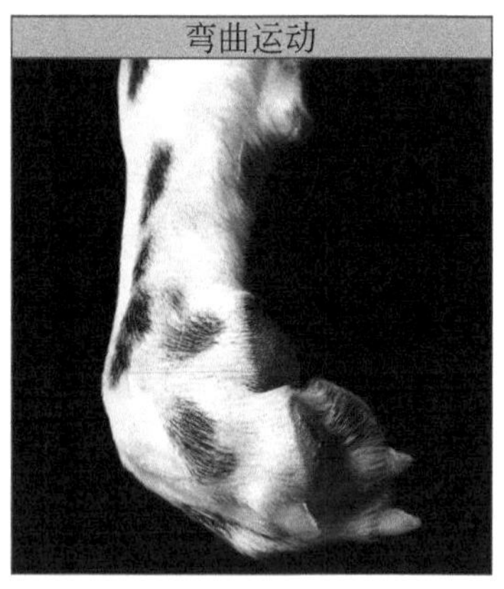

伸展运动

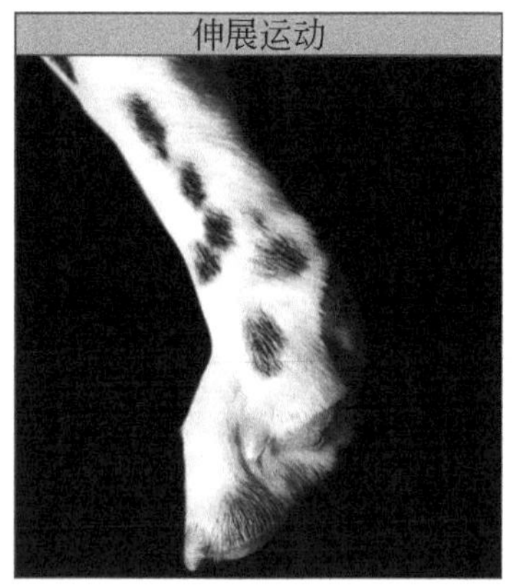

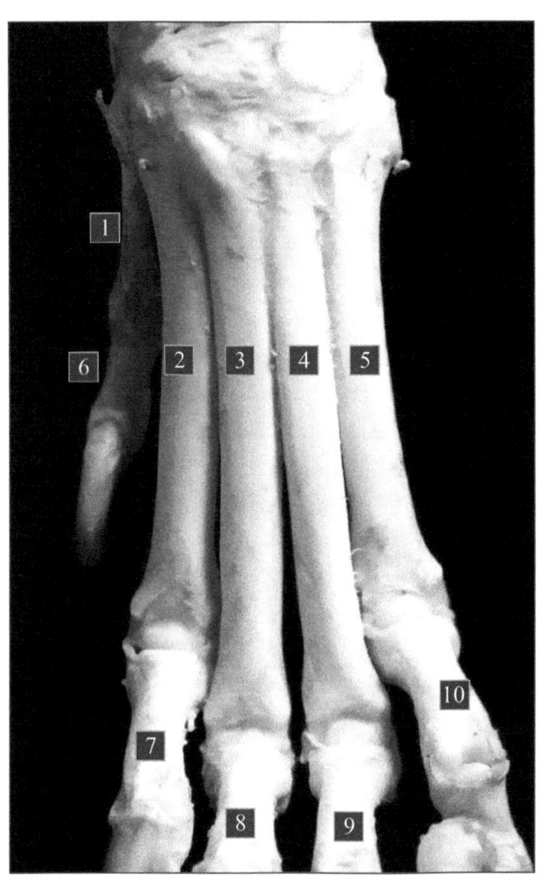

掌指关节的骨骼学

1.～5.掌骨Ⅰ至掌骨Ⅳ。

6.～10.第Ⅰ指至第Ⅳ指的近端指骨（或第Ⅰ指）。

11.掌骨滑车头。

12.指骨的关节窝与掌骨的滑车相连处。

13.此关节两个掌籽骨中的一个（另一个平行，被这个挡着看不见）。

14.此关节的背侧籽骨。

背掌位（正位）X线片

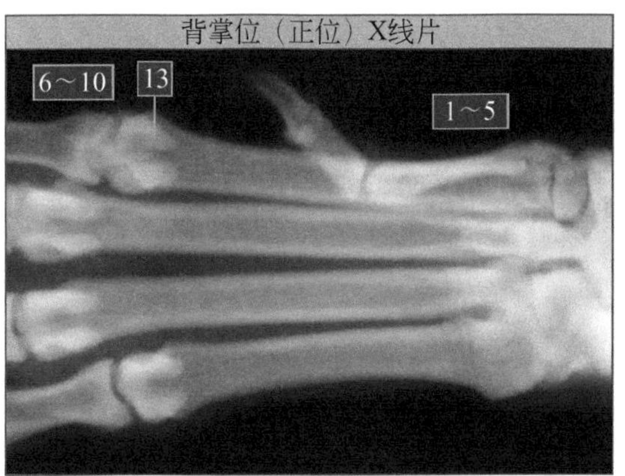

掌指关节的外侧视图

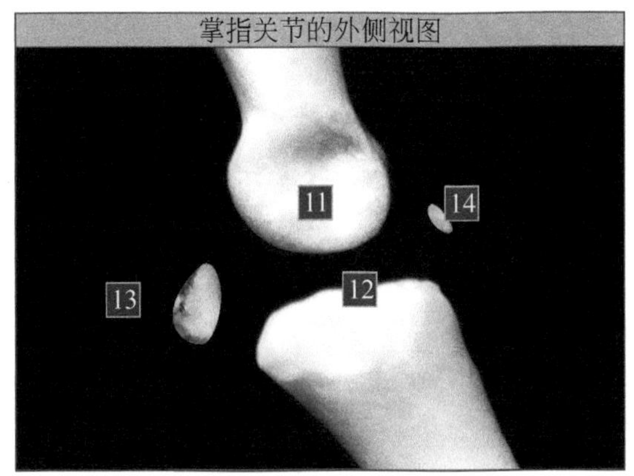

背掌侧定位

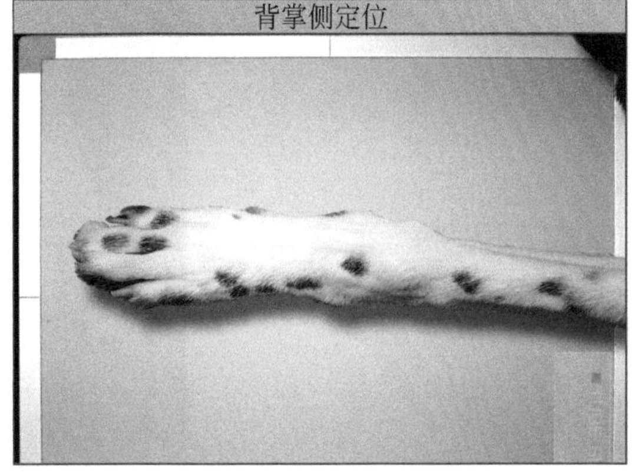

关节组成

关节囊

每个掌指关节都有一个小的关节囊，其背侧和掌侧都有凹陷而缩小了关节囊。

虽然掌骨间关节不是滑膜关节，但其最近端与腕关节相连的部分被腕关节的滑膜囊所覆盖。

关节囊

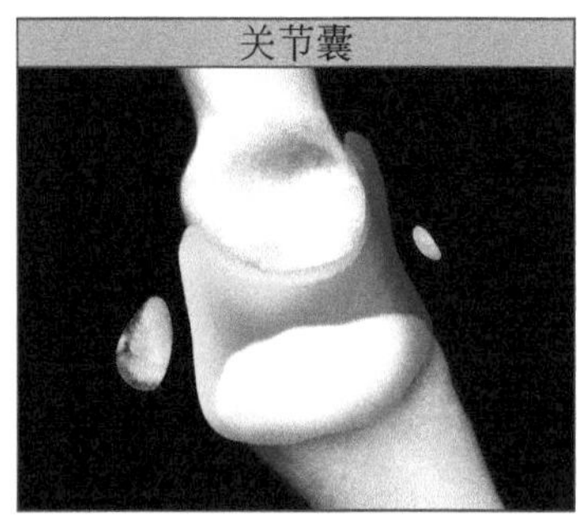

每个手指上的韧带

1.横向侧韧带，掌骨的滑车与指骨近端相连接处位于关节外侧，另一边为内侧副韧带，将掌骨滑车和指骨近端连接起来。

2.掌骨籽骨近端韧带，每个掌骨籽骨都有一根，连接到掌骨的远端。

3.附属的籽骨的韧带，每个掌侧籽骨都有一根，将其与指骨的近端连接。在它们和骨头之间还有其他小韧带（远端籽骨和十字韧带），类似于马属动物加强关节的小韧带。

4.籽骨间韧带，连接两个掌籽骨。

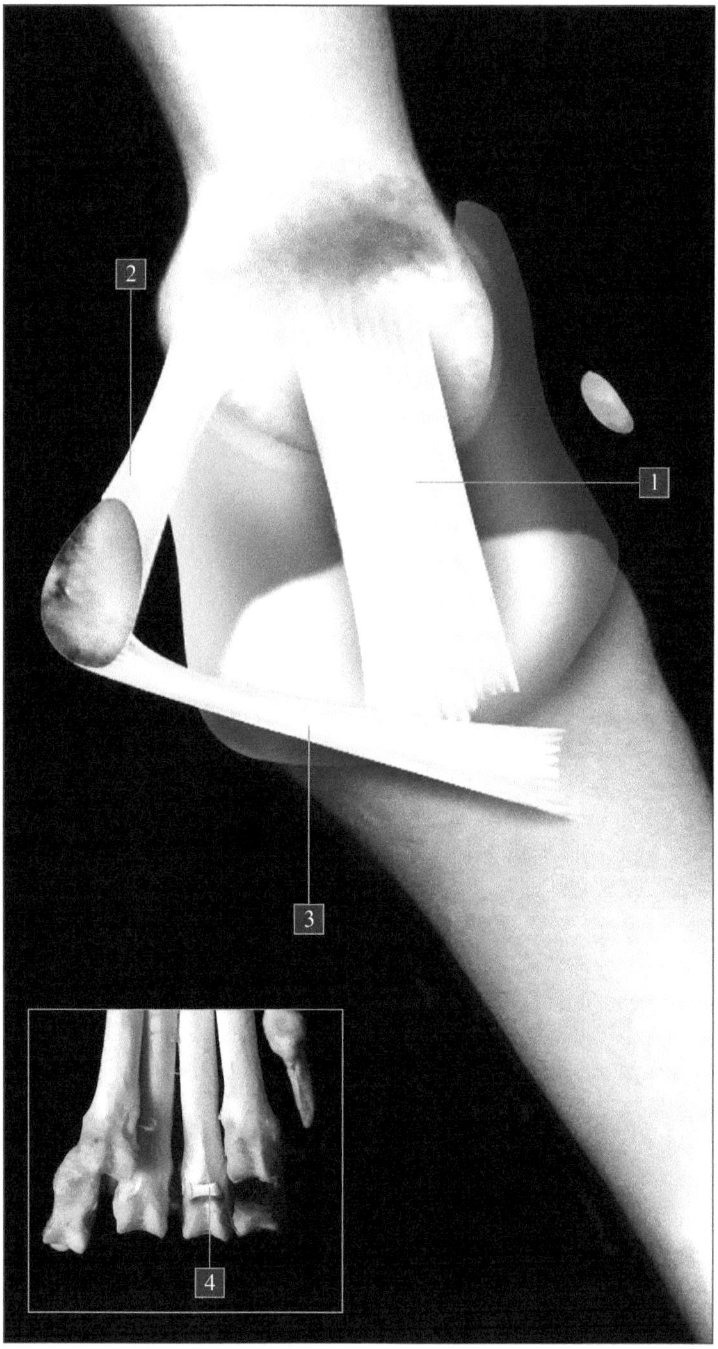

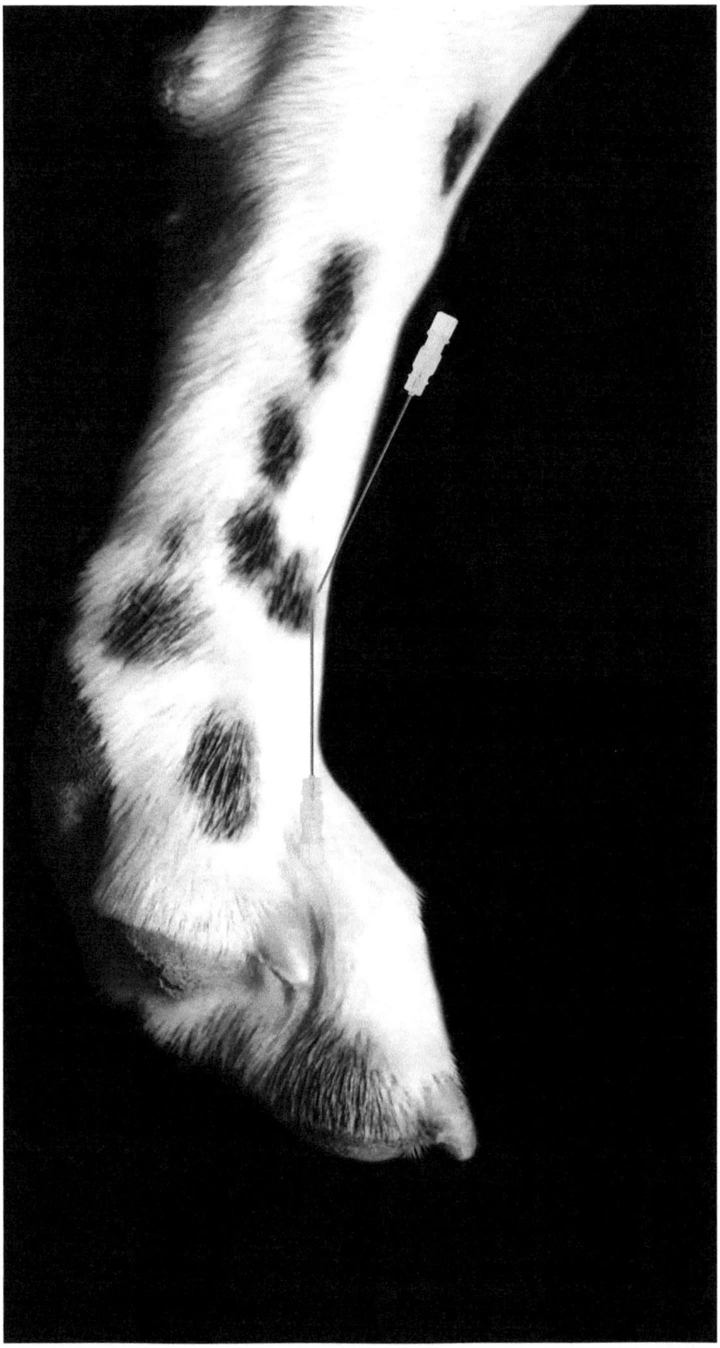

关节穿刺术

可在每根手指的滑液囊背面的凹陷处进行穿刺。由于掌部肉垫较厚，从掌部进行穿刺不合适。将犬手指伸展，使关节背窝放松，并触诊关节以找到穿刺位置进行穿刺。

注意不要损伤此关节背侧的伸肌肌腱，将针从关节的内侧刺入（向外侧，该处有指总伸肌和指外侧伸肌的肌腱经过）。

从相邻指骨之间的空隙，将针与指骨平行，在关节背侧边缘上方几毫米处进针穿刺。

也可从近端进入指骨间的空隙，针平行于掌骨，注意避开在该区域的血管分支进行穿刺。

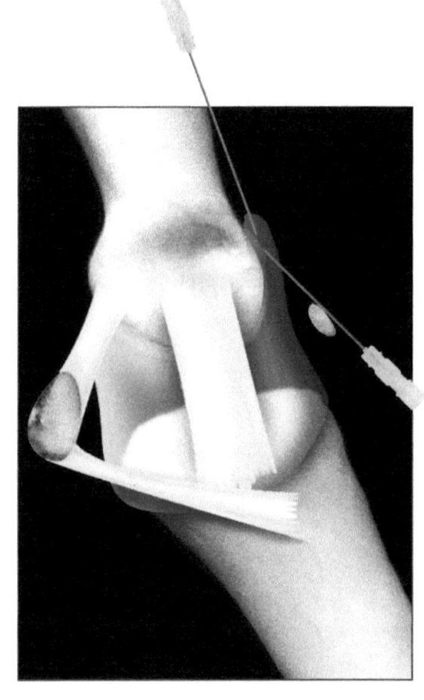

指关节

关节

近端指间关节

为滑膜关节，位于指骨近端和内侧之间。

远端指间关节

滑膜关节，位于趾骨内侧和远端之间。

每一前肢从第Ⅱ到第Ⅴ指，都有三节指骨。如果公认连接手指和腕骨的第一根骨头称为掌骨，那么在第Ⅰ指中只有两节指骨（因此只有远端指间关节）。

多指某些品种的犬（如法国猎犬、圣伯纳犬）先天就有一个多余的第Ⅰ指，并且常常只有一个是正常的。

关节类型

以上所有关节都是滑膜关节，它们的关节腔之间有联系。

滑车模型

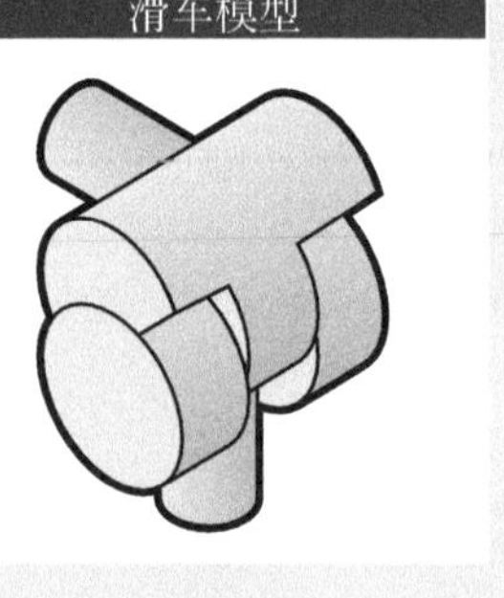

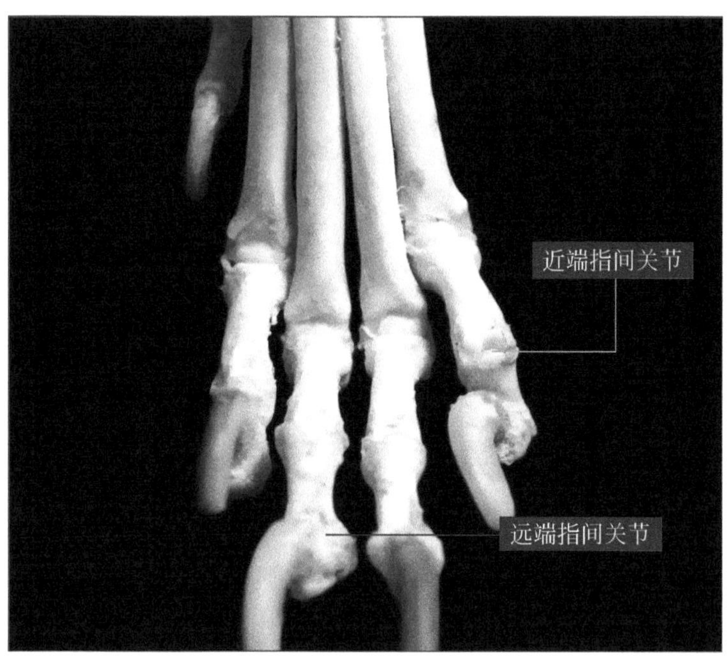

解剖结构和运动方式

指骨的滑车关节是由近端指骨的凸起部分（该指骨远端）与远端指骨的凹面（该指骨近端）构成。

由于远节指骨（第三）的远端关节面比其他指骨更大，而且处于脚垫的位置，因此远节指骨屈伸时可以更大范围地活动。

弯曲运动

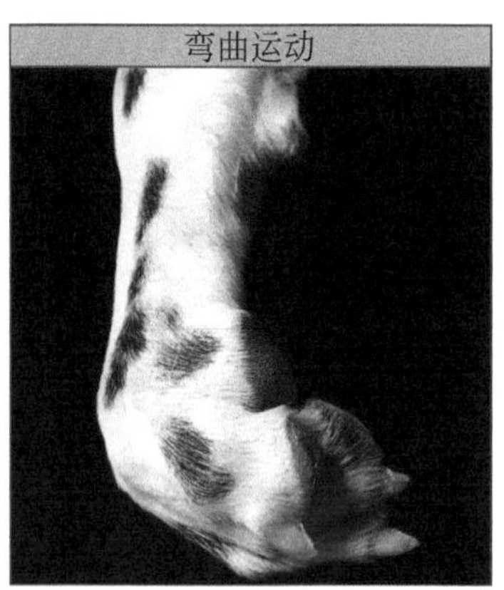

伸展运动

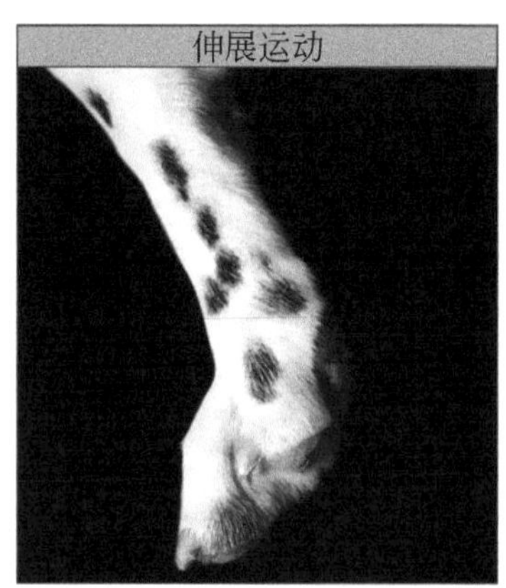

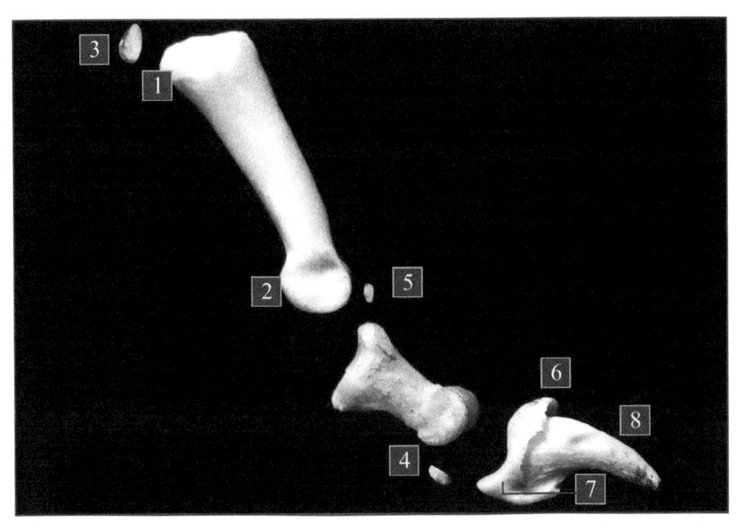

手指关节骨骼学

1. 指骨基部。

2. 指骨头。

3. 掌骨、近端指骨与籽骨。

从侧面看，我们只能看到其中一个。

4. 背侧指间籽骨。

5. 远节指骨的伸肌结节。

6. 远节指骨的屈肌结节。

7. 远节指骨的关节突。

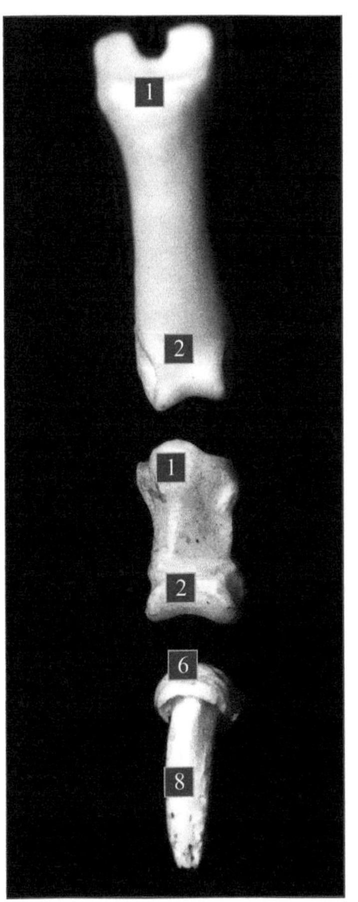

侧位X光照片

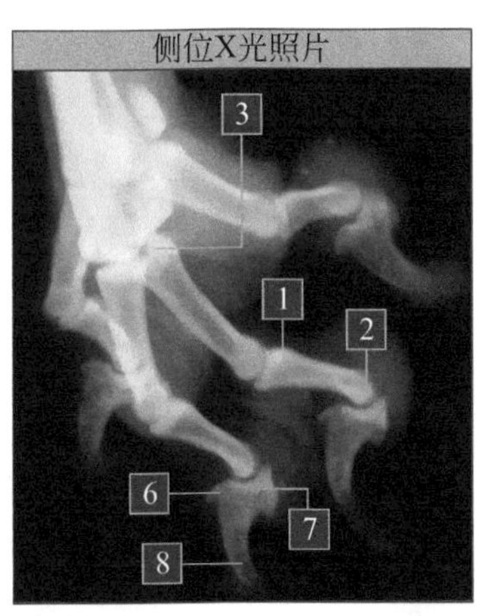

侧位定位

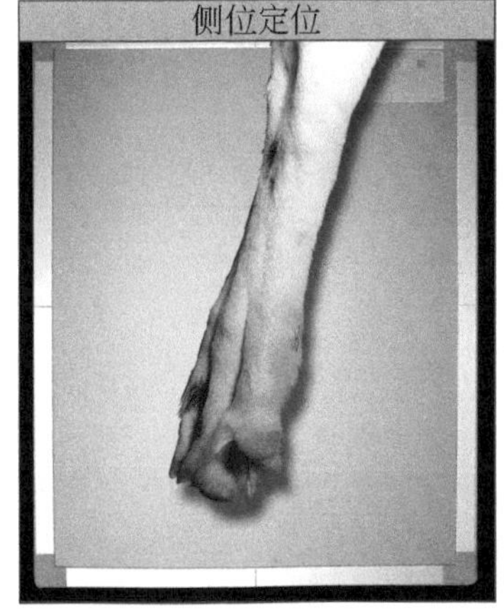

背掌（正位）X光照片

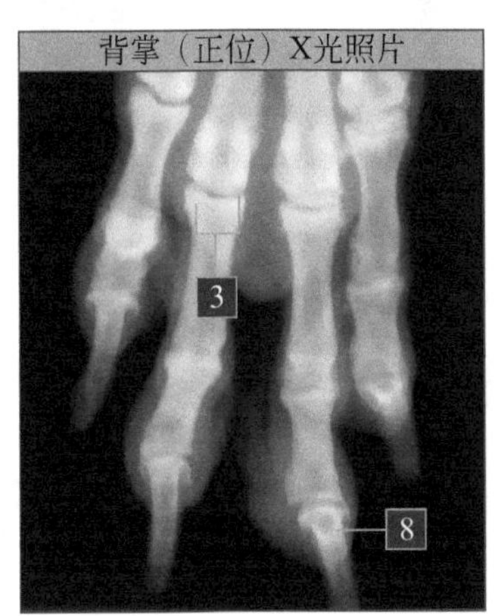

背掌（正位）定位

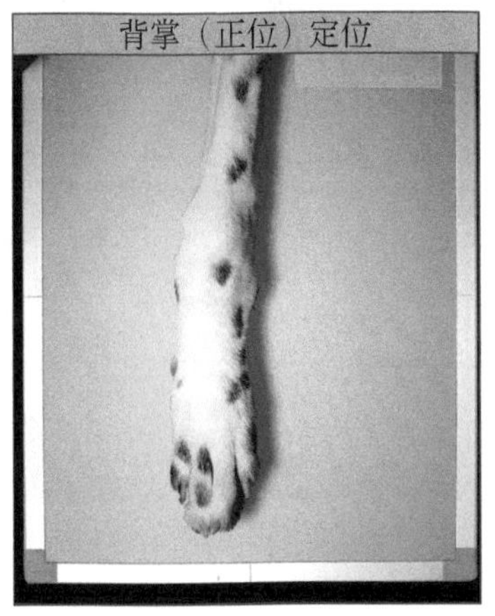

指关节组成

关节囊

每根手指的每个关节（近端和远端指间关节）都有小的滑膜囊，关节囊的背侧均有一个小的隐窝。

相关肌肉

在掌侧面指深屈肌腱连接第三节指骨屈肌结节，而指浅屈肌腱连接指骨基部内侧。

为了避免肌腱相互缠绕连接，指浅屈肌腱形成一个腱鞘（屈肌鞘），与指深屈肌腱有交叉。

而与该腱鞘相连的掌指关节有两个籽骨。

在背侧面肌肉之间有两个插入物。一个是掌指关节的籽骨，另一个是指总伸肌腱，它由两部分组成，在内侧指骨周围形成一个小的间隙，从掌侧转到背侧。

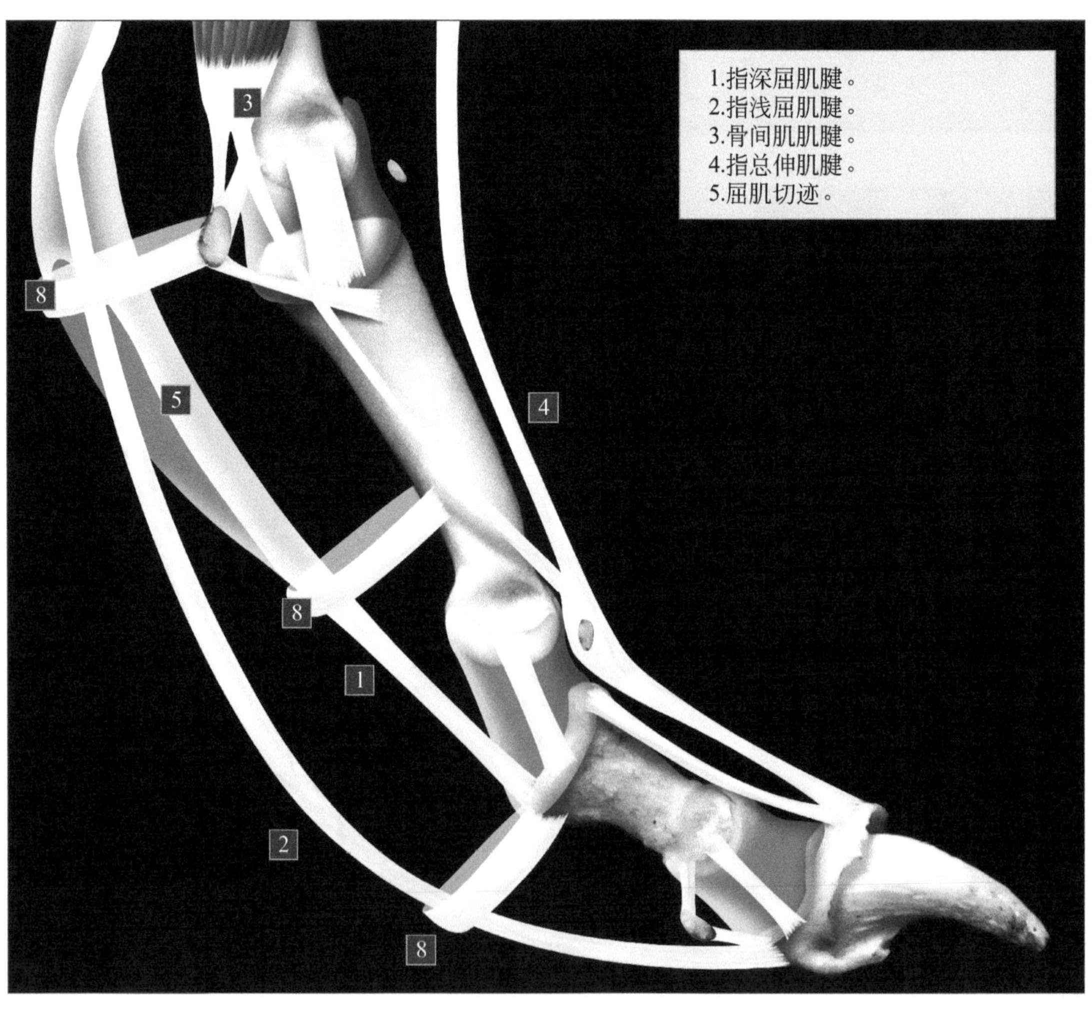

韧带

6. 掌指关节副韧带。

7. 籽侧韧带，连接掌指关节的籽骨和近节指骨的近端。一根在籽骨外侧，另一根在籽骨内侧。

8. 近端环状韧带、内侧环状韧带和远端环状韧带。它们形成三个环状结构，维持着掌面靠近指骨的所有肌肉的肌腱。它们是相对于掌指关节的掌籽骨、近端指骨和内侧指骨而排列的。

9. 近端指间关节的外侧副韧带，连接近端指骨和中间指骨的韧带，另一根位于关节内侧。

10. 侧副籽骨韧带，是连接远端指间关节足底籽骨与远端指骨（远端部分）和中间指骨（近端部分）的韧带。另一根位于内侧位置。

11. 远端指骨间关节的外侧副韧带，于关节外侧连接中间指骨和远端指骨。另一个位于关节内侧。

12. 远端指间关节背韧带，为连接中间指骨与远端指伸肌结节的韧带。它是两个联系在一起连接在结节上的。它们的纤维是有弹性的，因此有伸展第三节指骨（收回爪）的功能，它们的屈伸活动由指深屈肌的运动来调节。

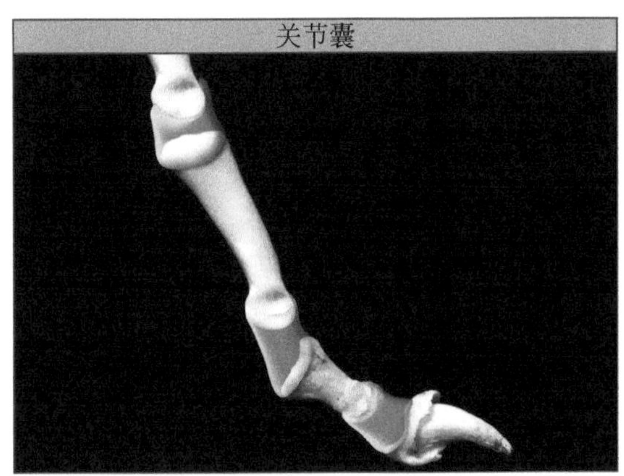

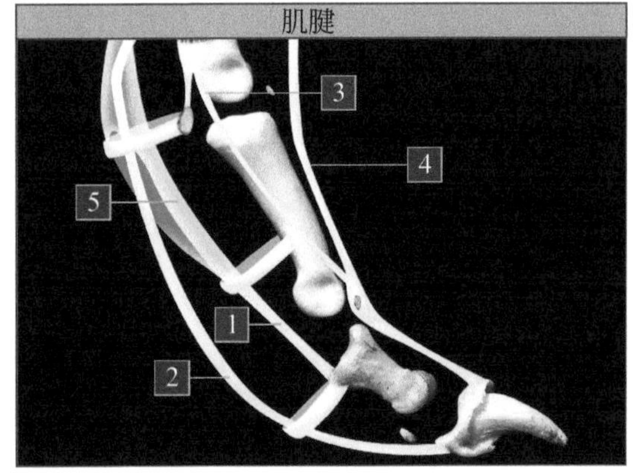

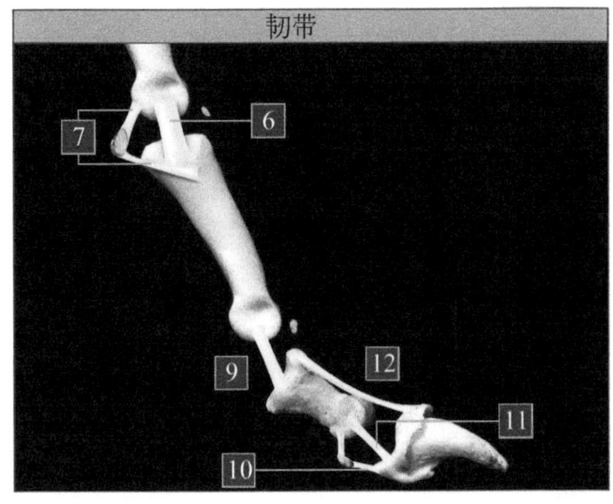

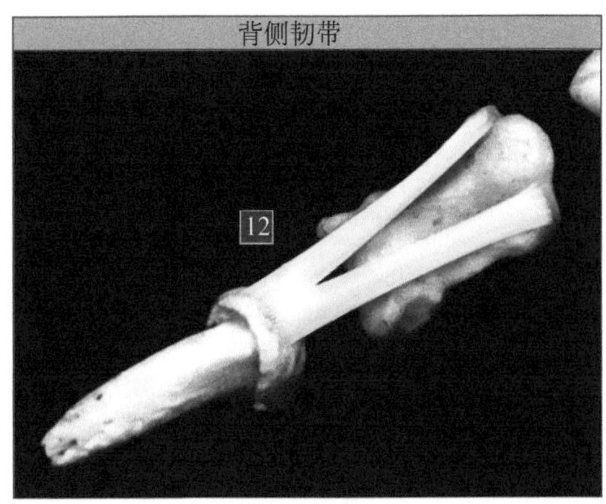

指关节穿刺术

指关节穿刺不常用。通过触摸关节囊背侧的凹陷来定位，从关节的掌侧进行穿刺的径路难以操作，因为掌部的垫子很厚。

触摸指关节时，先将手指伸展使背侧隐窝放松。

将穿刺针与指骨近端到远端走向相平行，并从两相邻指骨之间的空隙进针，刺入关节背缘上方几毫米处即可，注意避免损伤这个区域的血管。

当将针插入近端指间隙时，要注意避免损伤背侧的伸肌肌腱。

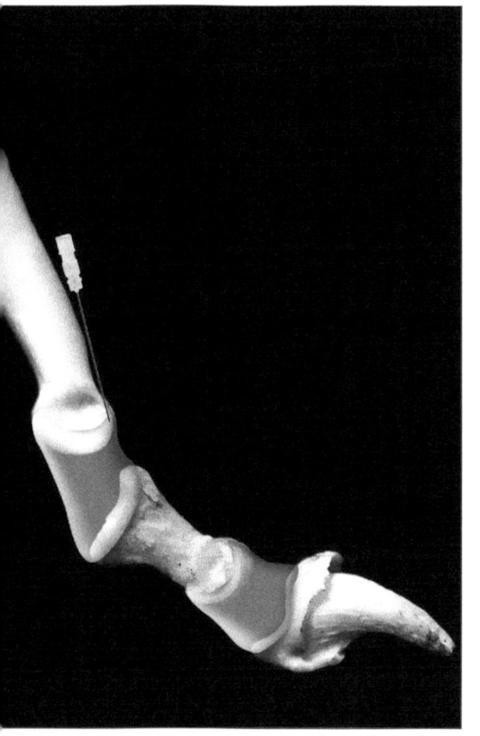

切爪子

- 切爪时注意保证足垫能正常承重。
- 手术时保证冠状体完整。
- 当爪子没有色素沉着时可使用透光进行观察。
- 手术时需要注意由于有弹性的背侧韧带的作用与指深屈肌的拉伸作用相反，需要补偿轻微的生理收缩。

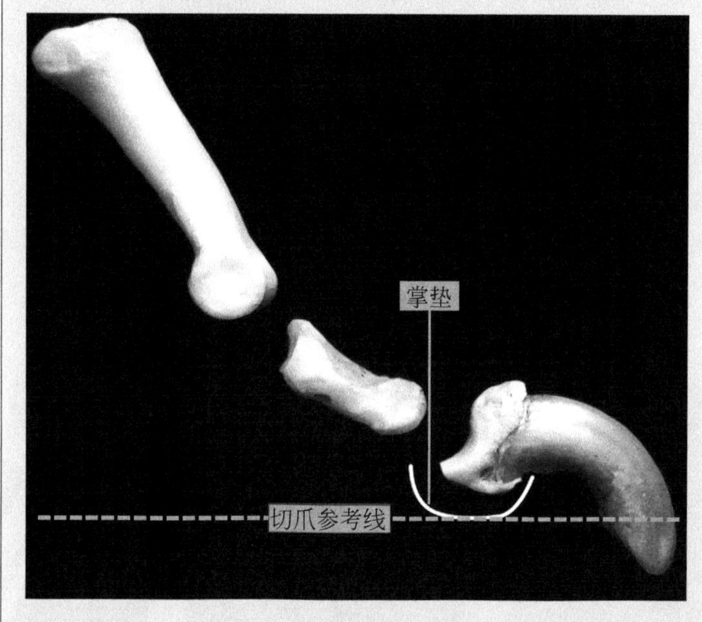

切除

关节成形术

在某些情况下可能需要手术切除指间关节。

在手术操作时，应注意避免损伤每个手指轴面的数根掌侧动脉。

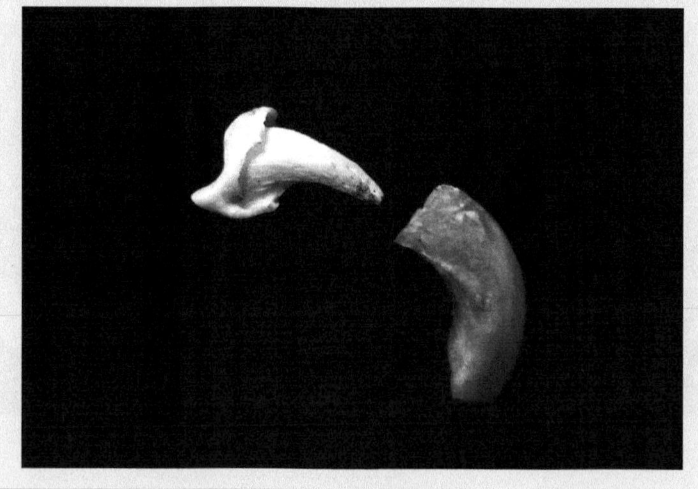

血管分布

背侧的血管分布

1.前臂内侧浅动脉。

2.前臂外侧浅动脉。

3.～6.指背总动脉。

7.指背动脉，轴支和轴支的分支（8.～13.）。

14.桡动脉腕背支。

15.桡动脉骨间分支。

16.～19.掌背动脉。

掌侧的血管分布

1.骨间动脉尾侧支。

2.内侧动脉。

3.～7.指掌总动脉。

8.～14.指掌侧固有动脉、轴动脉和背动脉。

15.尾侧骨间的动脉。

16.～19.手掌动脉。

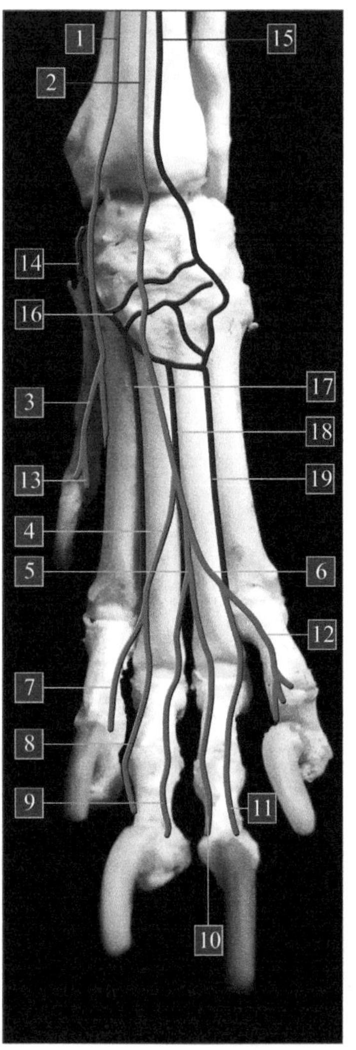

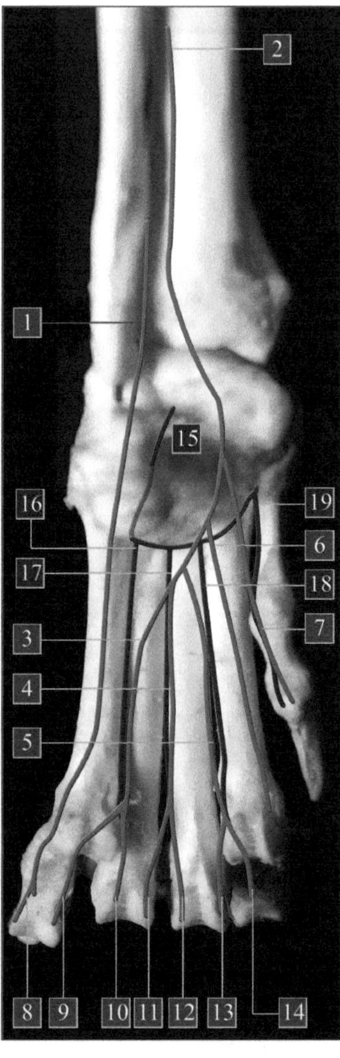

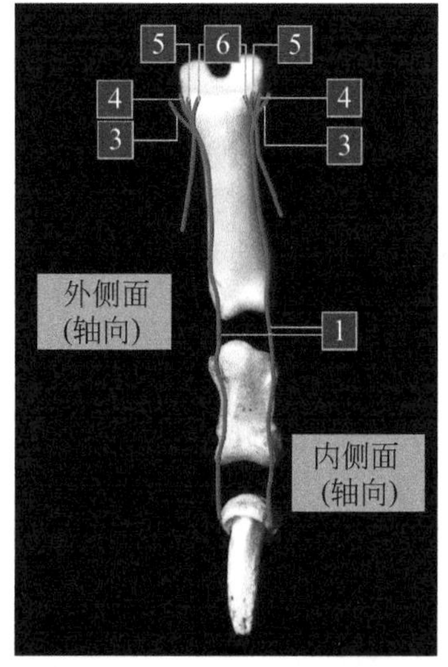

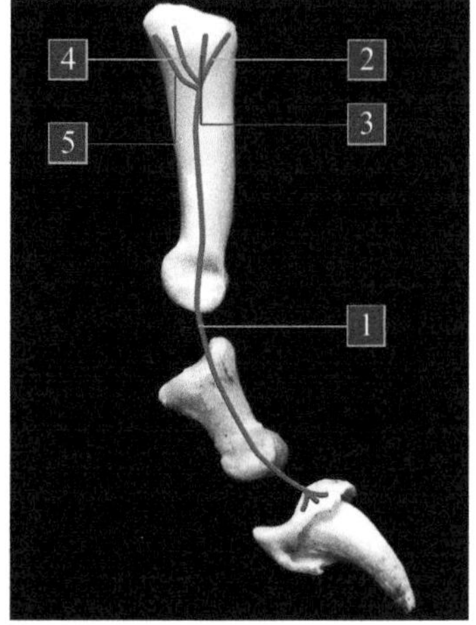

内侧面观察

1.指掌侧固有动脉。

2.背侧指总动脉。

3.掌背侧动脉。

4.指掌侧总动脉。

5.掌总动脉。

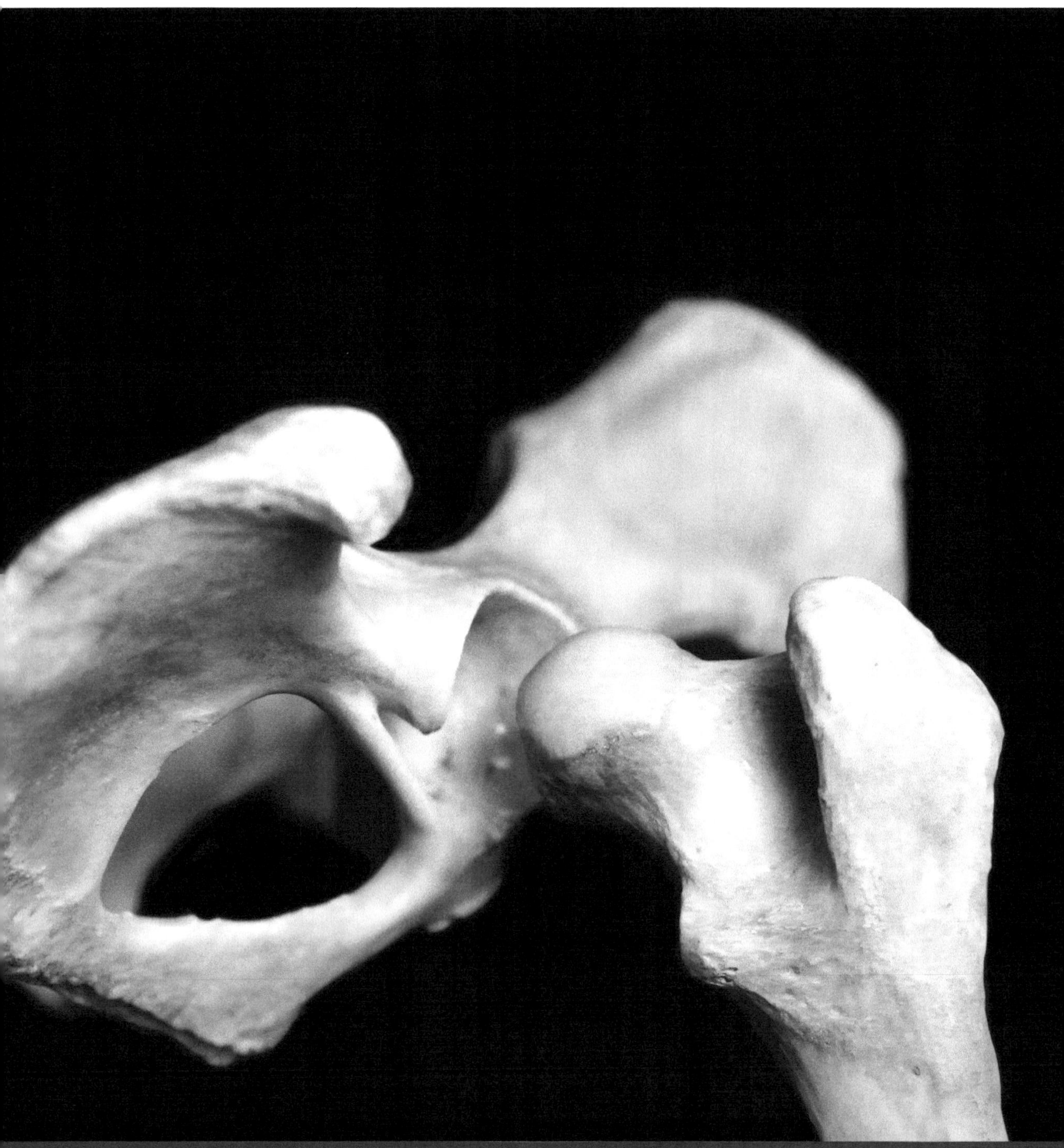

骨盆

关节

髋部
膝关节
跗骨
下肢末端

自我评估

髋关节

关节

髋股或髋关节

在股骨头部和髋臼之间的滑膜球形关节。

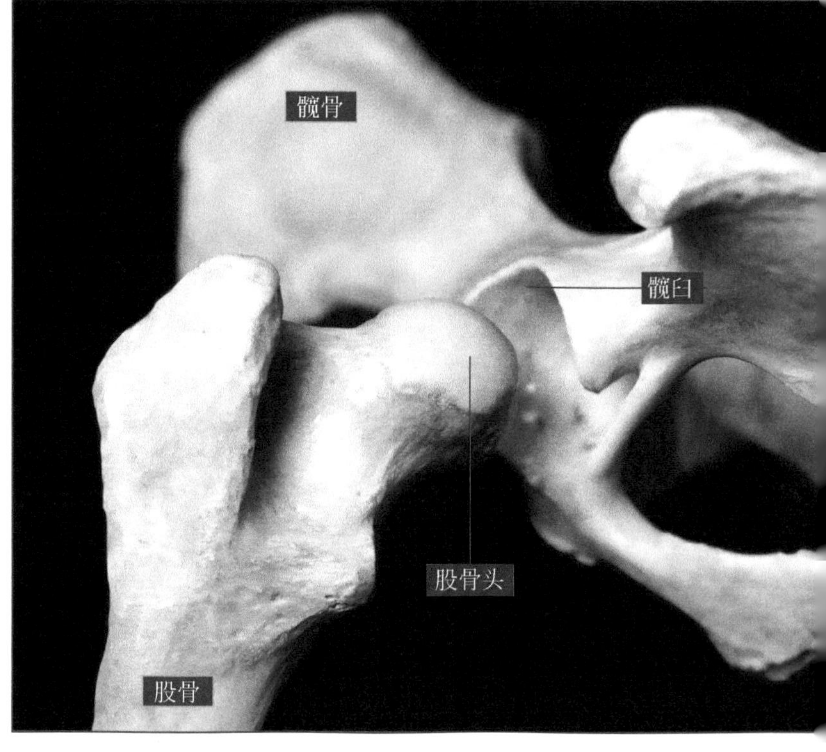

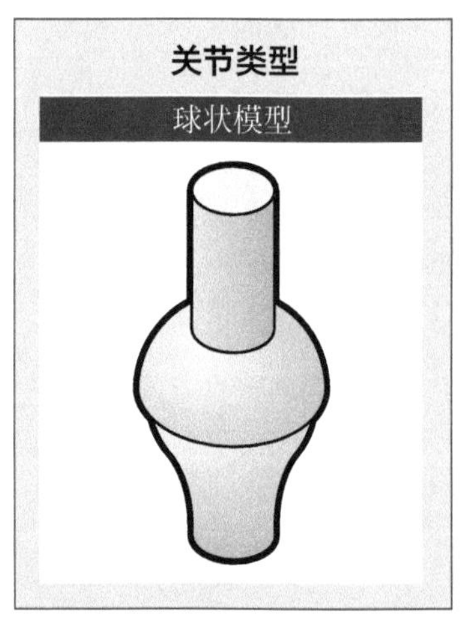

解剖结构和运动方式

关节的近似球形可进行各种类型的运动：屈曲与伸展；内外旋转；外展与内收；后肢运动最常见的是屈伸和外展运动。

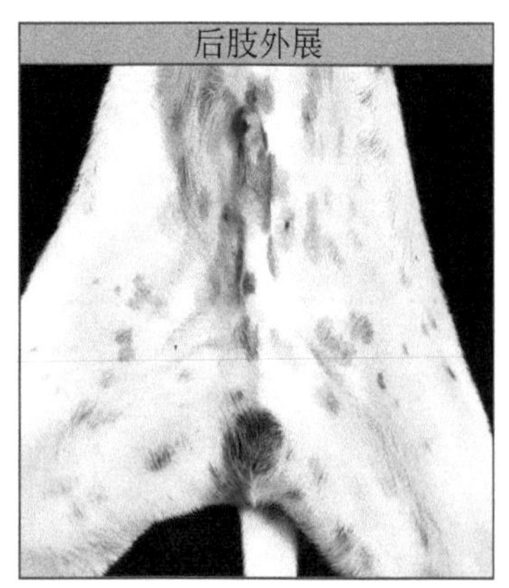

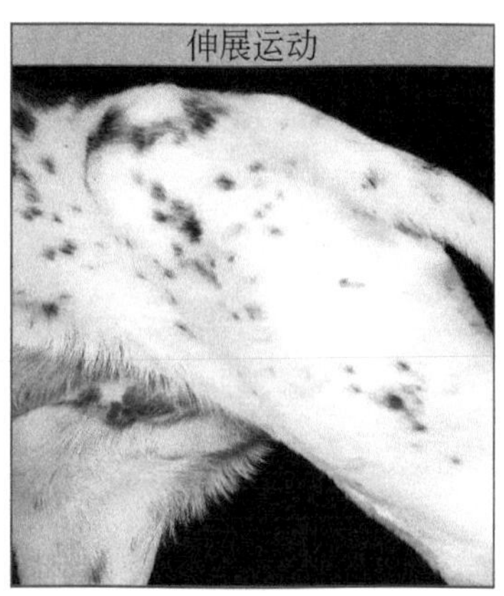

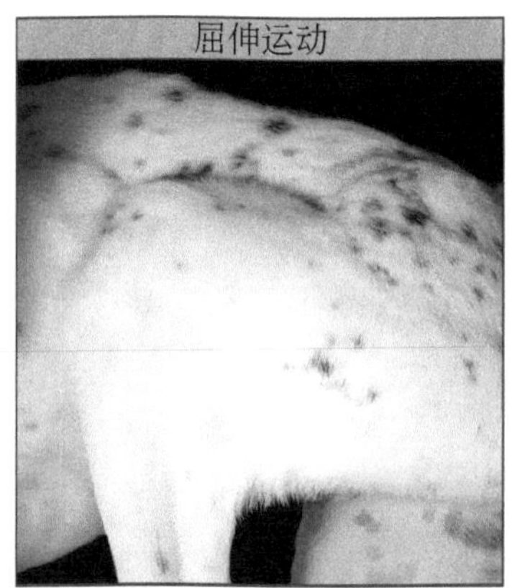

臀部骨学

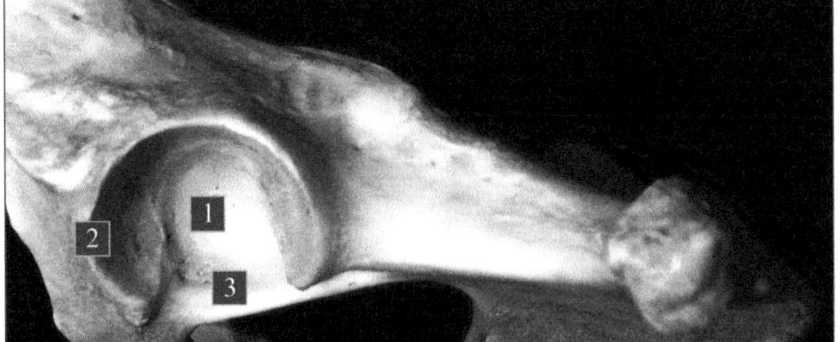

1.髋臼窝。
2.新月状的表面。
3.髋臼的凹口
4.股骨头部中央凹陷。
5.股骨颈。
6.大转子。
7.小转子。
8.转子窝。

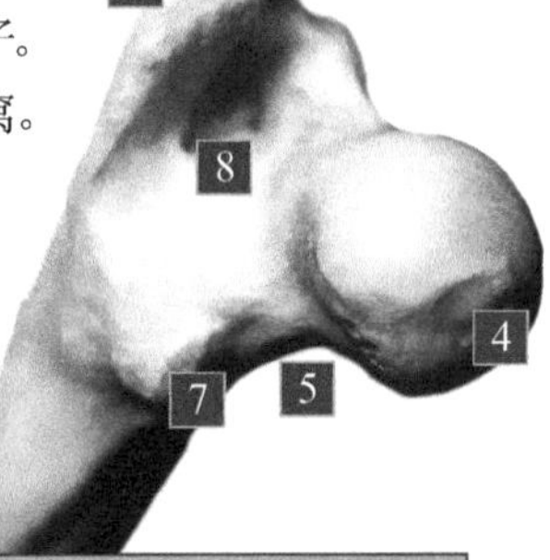

横向侧位

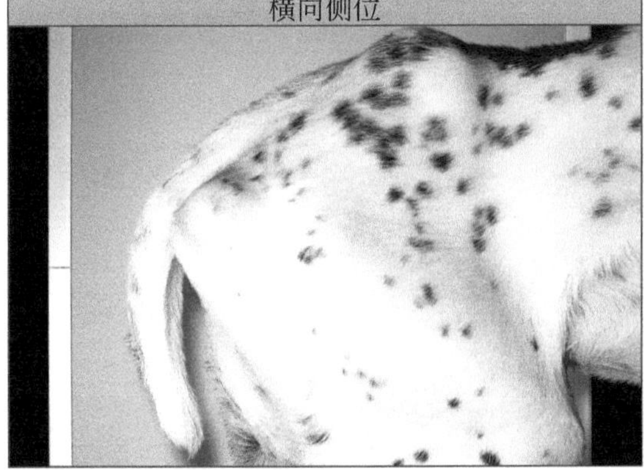

腹背位

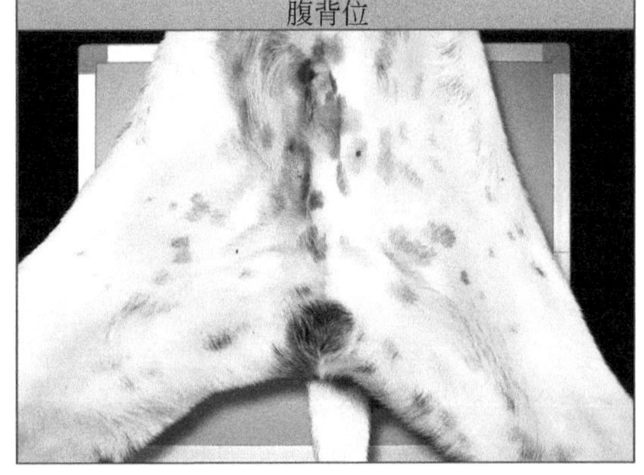

横向侧位X光照片

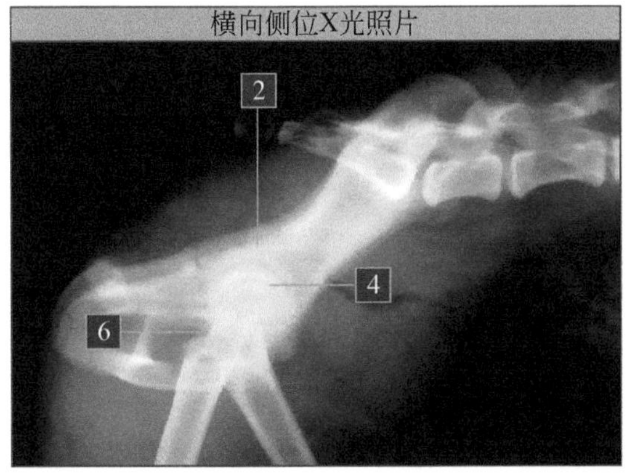

腹背位X光照片

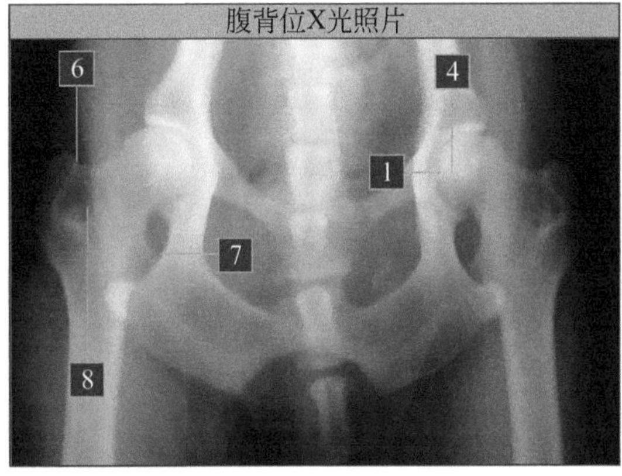

关节组成

关节囊

髋臼窝大的凹陷被髋臼边缘软骨形成的唇环绕。

关节囊完全环绕股骨的头部，其底部固定在股骨颈部的起点部。

关节囊有足够的范围允许（股骨头）做大的灵活性的运动。

联合固定

增厚纤维囊使其在连接髋骨（髂骨、坐骨、耻骨）组成髋臼变得更加稳定。

以下韧带可以考虑：

a.髂骨与股骨的头侧固定。

b.坐骨韧带尾侧固定。

c.耻骨、股骨的腹侧固定。

相关的肌肉

所有围绕关节的肌肉均有助于关节的稳定，但更具体地参与这项任务的是短肌肉：臀深肌、臀中肌、臀浅肌、梨状肌、孖肌、闭孔外肌和闭孔内肌、股四头肌、髂肌、内收肌和髋关节肌。

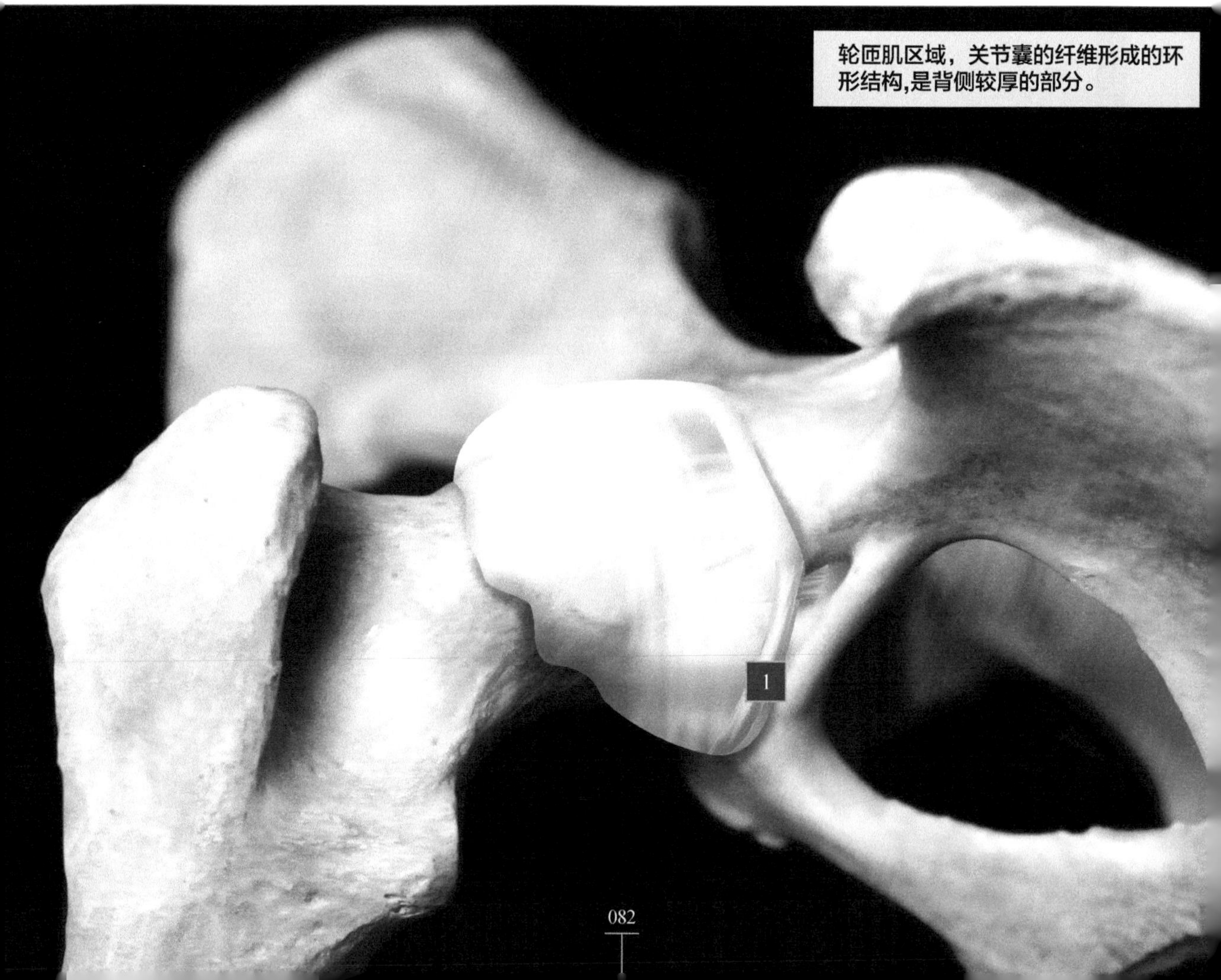

轮匝肌区域，关节囊的纤维形成的环形结构,是背侧较厚的部分。

1

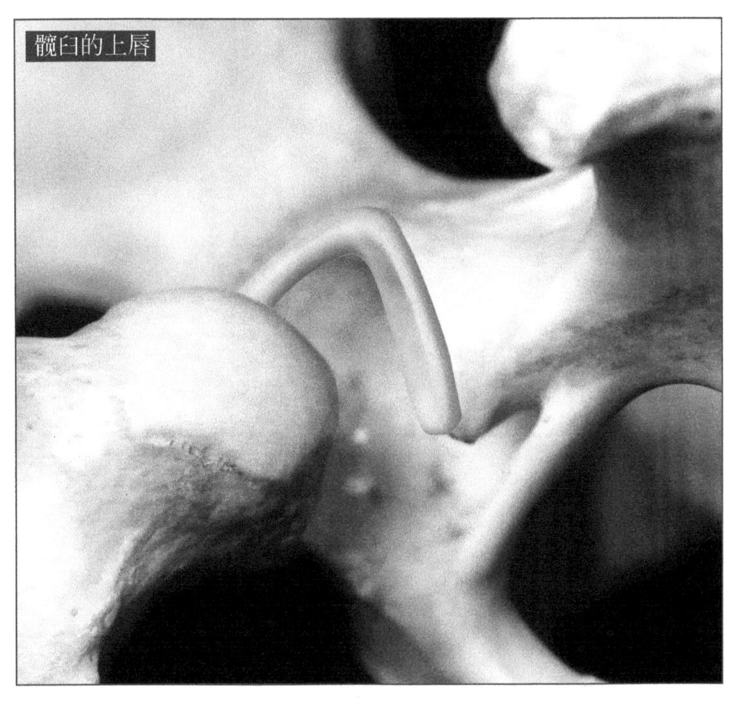

韧带

1.髋臼横韧带，闭合髋臼切迹。

2.股骨头部的韧带，位于关节囊腔内，有滑膜包裹，连接髋臼窝和股骨头。

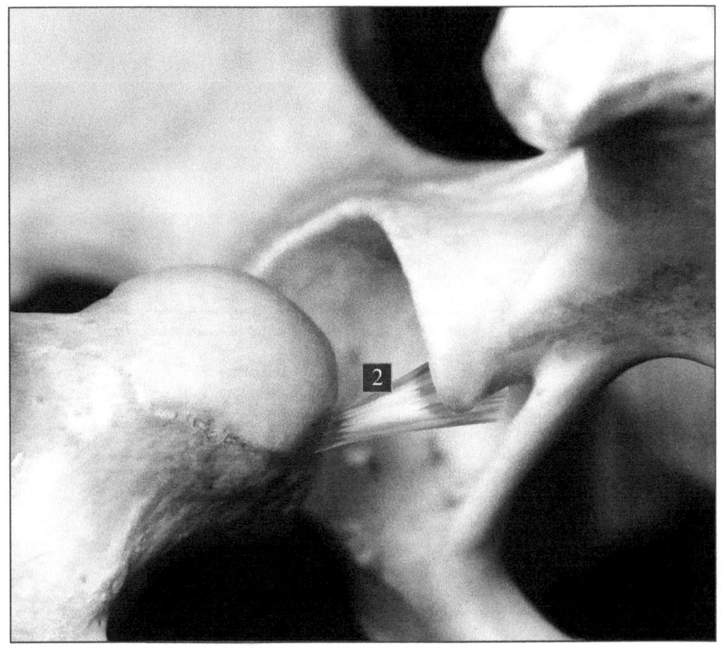

股骨头部韧带的纤维呈螺旋状卷曲，以免妨碍关节的广泛运动。

它的截面可达0.5cm，长度可达1.5cm。

髋臼动脉在髋臼内运行（起源于闭孔动脉或旋股内侧动脉）。其在股骨干骺端生长过程中起重要作用，但也不是最重要的；而由旋股头动脉和旋股尾动脉形成的环产生的干骺动脉更为重要。

髋关节发育不良

髋关节发育不良发病因素较多，遗传是较为重要的因素（德国牧羊犬），它多在犬生后的六个月发生。

髋关节的股骨头和髋臼表面分离，导致经常发生半脱位，而缺乏稳定性导致骨畸形，严重时可导致髋臼窝的凹陷消失。

现在利用形态测量，放射学诊断已有具体的方法：测量从X线片上获得髋臼头侧和两侧股骨头部中心的连线形成的角度。

将（从Norberg）测量的角度与形态计量表进行比较，以确立这种疾病是否存在及严重程度。

少于105°的角度视为不正常。

髋关节发育不良伴继发性骨关节炎。

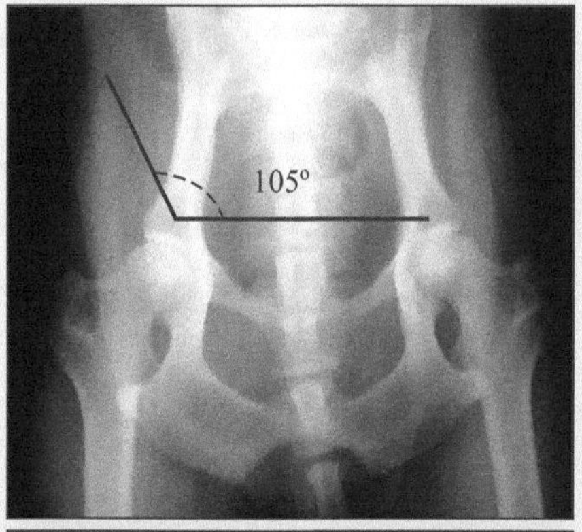

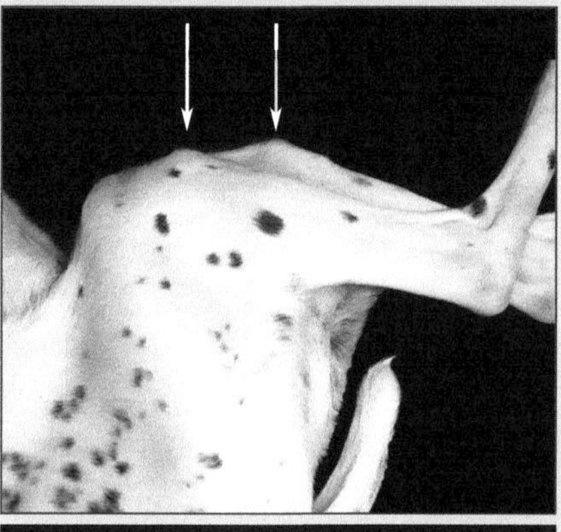

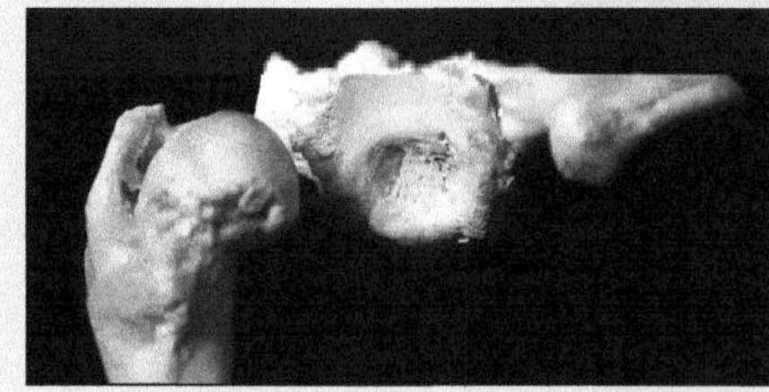

髋关节发育不良的症状诊断

- 将动物置于腹背位（仰卧）。
- 大腿互相平行，并垂直于动物休息的背部平面。
- 从膝关节向动物休息的背部平面施加压力。
- 如果在臀部区域有延迟疼痛，可解释为发育不良的迹象。这可能还伴随着患病髋关节的咔哒声或错位的感觉。

骨髓穿刺活检

以大转子的尖端为参照，触摸定位于转子窝，将针插入大转子的内侧，平行于股骨轴线。

骨髓穿刺活检

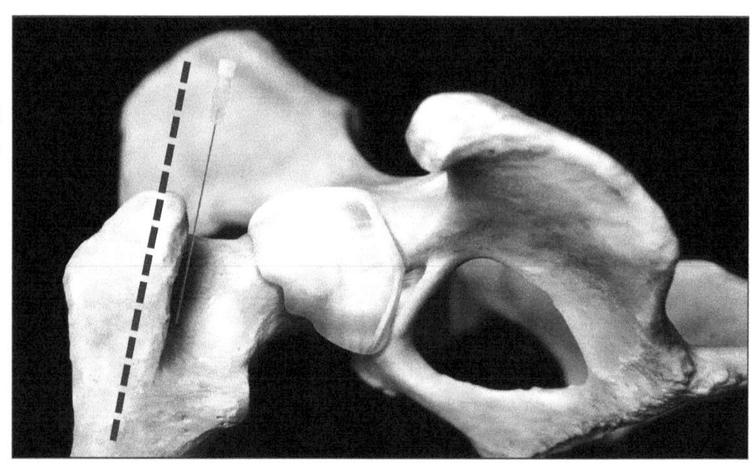

脱位的侧位图

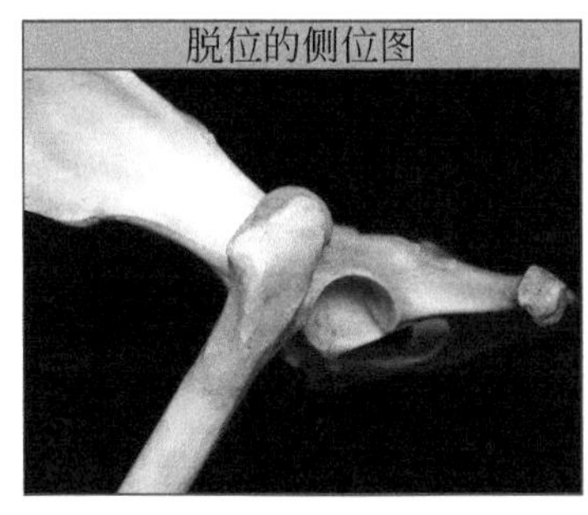

脱位的背腹视图

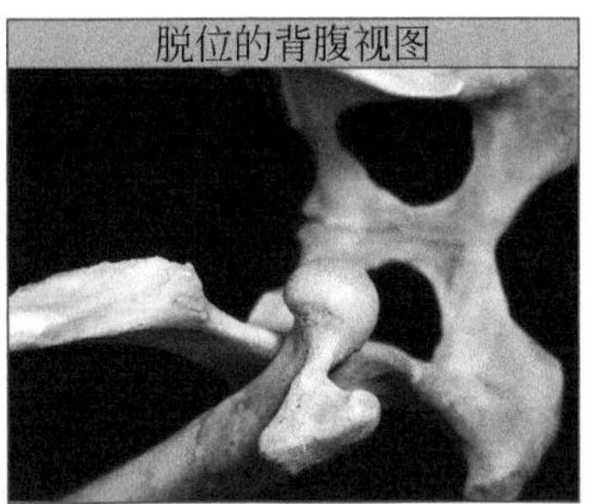

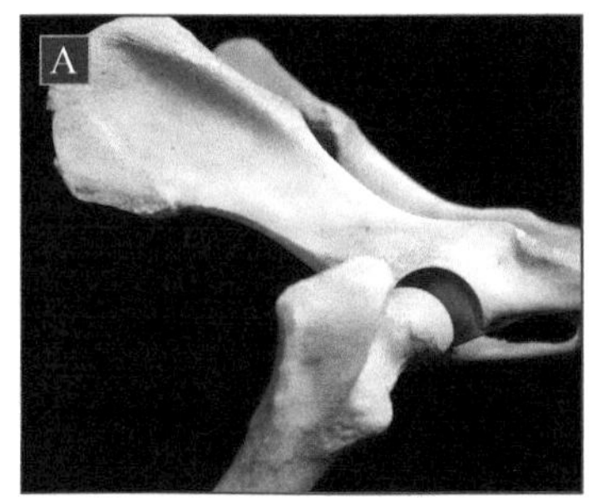

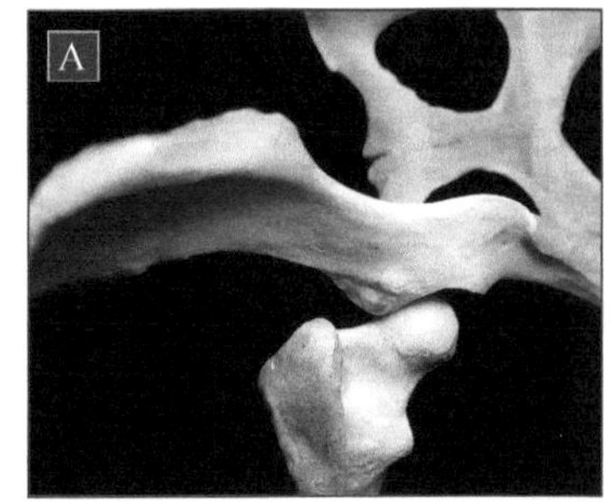

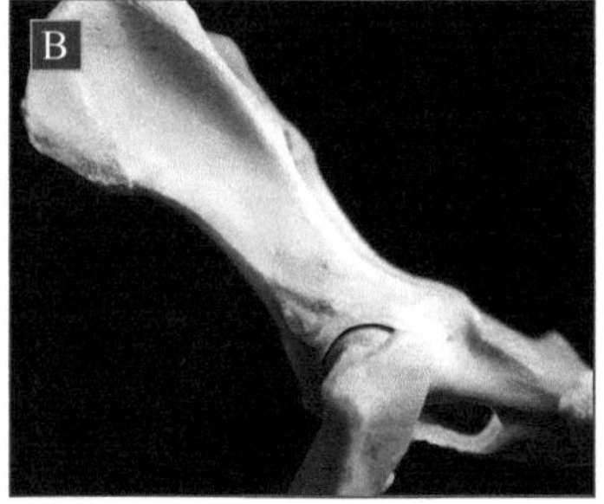

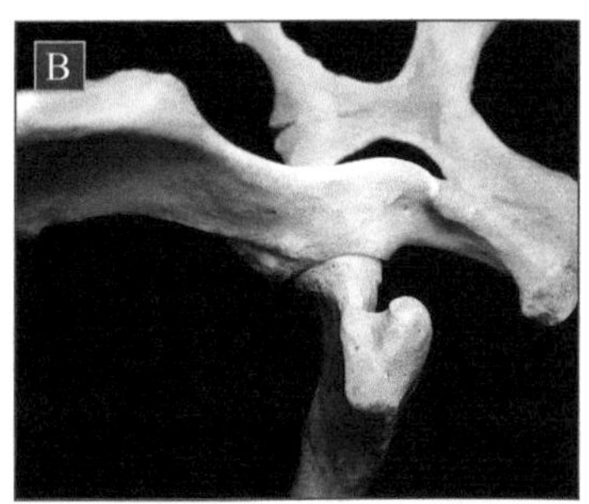

脱位和半脱位

髋关节受到创伤时最常发生髋关节脱位和半脱位。由于臀肌的牵引作用，以背外侧脱位最为常见。

脱位的复位分两步进行：

A 向外侧旋转股骨的同时向远端牵引使患肢外展（分离），以便将已脱位的股骨头移送到髋臼前方。

B 接着将患肢股骨向内侧旋转并向内用力（拉近），当听到“咔哒”一声，表明已将股骨头复位到髋臼中。

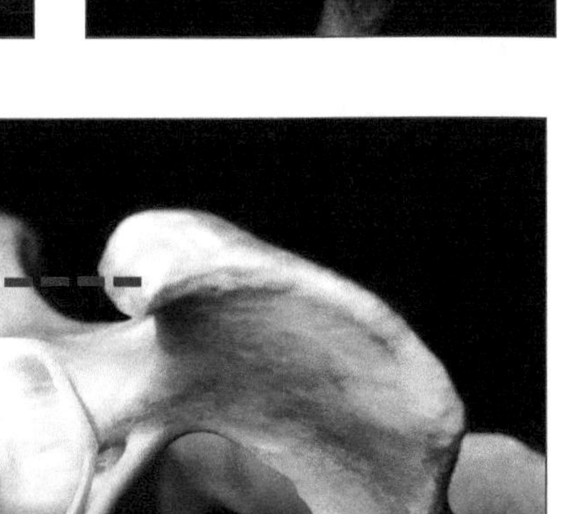

关节穿刺术

将肢体外展（与躯干分离），髋结节和坐骨粗隆之间画一条假想连线，依据大转子的位置进行定位，穿刺针从大转子背侧刺向假想连线的腹侧。

膝关节

关节

股胫关节

为功能性滑车关节。由于关节腔内有两个半月板和前后十字韧带，关节结构较为复杂。有些韧带位于滑膜外。

股髌关节

为滑车关节。

近端胫腓联合

滑膜平面型关节。

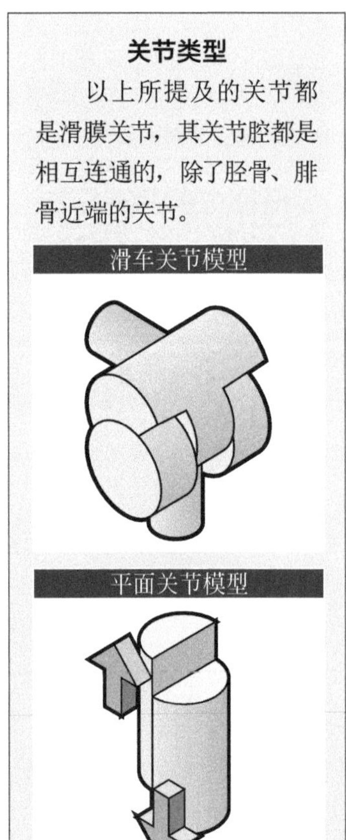

股髌关节
股骨
髌骨
腓肠豆
近端胫腓骨关节囊
股胫关节
胫骨
腓骨

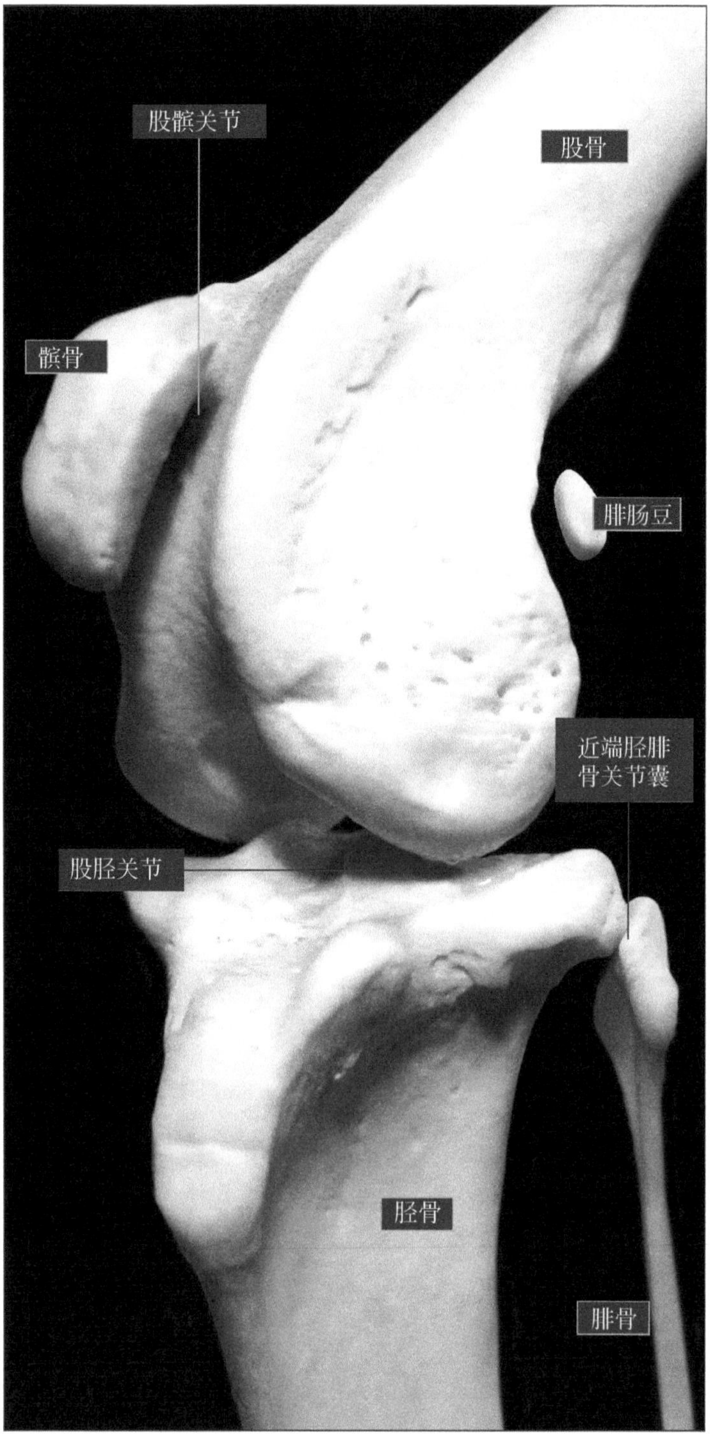

弯曲运动

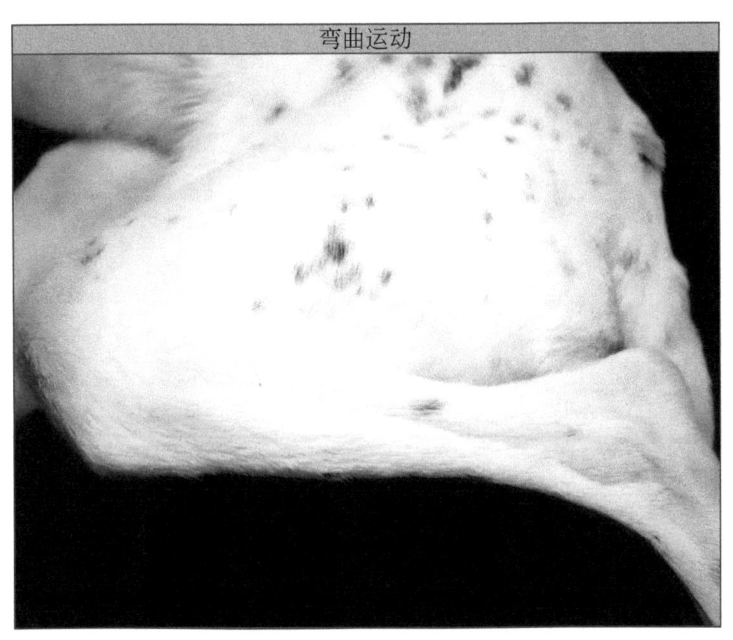

解剖结构和运动

股骨和胫骨能够进行大范围的屈曲和伸展运动。膝关节从结构上看像个铰链，由于骨端解剖结构的原因，两骨的接触面（股骨和胫骨骨果）不能直接接合形成关节（缺乏相互契合的可能性），因为它们都是凸面。由于在骨头中间形成的凹槽以及两个半月板是双凹面，使股骨远端与胫骨近端（一个凸对一个凸）能够彼此适应，并形成稳定的滑车关节。

在这种情况下，半月板的存在形成了一个功能性的滑车，也由于两侧骨骼的髁突有些部分较为靠近，只可进行一些小范围的旋转运动。

髌骨在股骨滑车上滑动时，可从近端向远端或自远端向近端进行移动。该骨的实际解剖大小大于X线片上可见的大小，因其可因周围的软骨纤维影响而增大。

髌骨下方，靠近透明软骨表面，在与股骨相连的关节囊滑膜之间有一块脂肪，称为髌下脂肪垫。

胫腓骨关节扁平，不活动。

伸展运动

腓肠豆

这是两个籽骨的名称，它们位于膝关节的尾侧或腘面。一个在关节外侧，另一个在关节内侧。

它们与腓肠肌肌腱的起始部位相连，而腓肠肌与股二头肌相结合，连接股骨髁上区与跟骨结节。

膝关节骨学

1. 股骨外侧髁。
2. 股骨滑车内侧唇。
3. 股髁间窝。
4. 腓骨头。
5. 胫骨粗隆。
6. 胫骨槽。
7. 胫骨内侧髁。
8. 胫骨外侧髁。
9. 髁间隆起，两侧髁间结节。
10. 腓肠豆。
11. 髌骨。
12. 股骨滑车内侧唇。

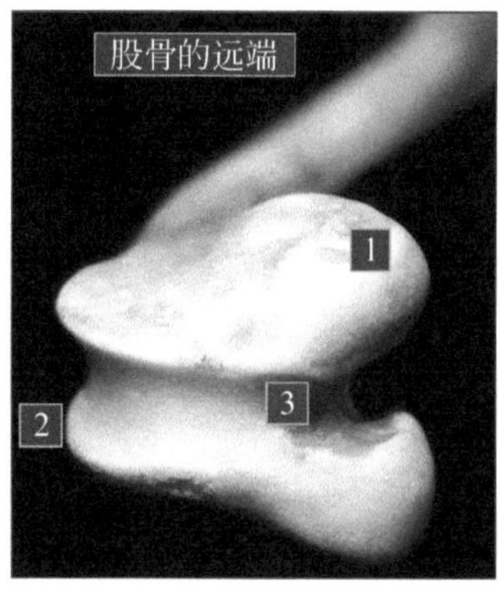

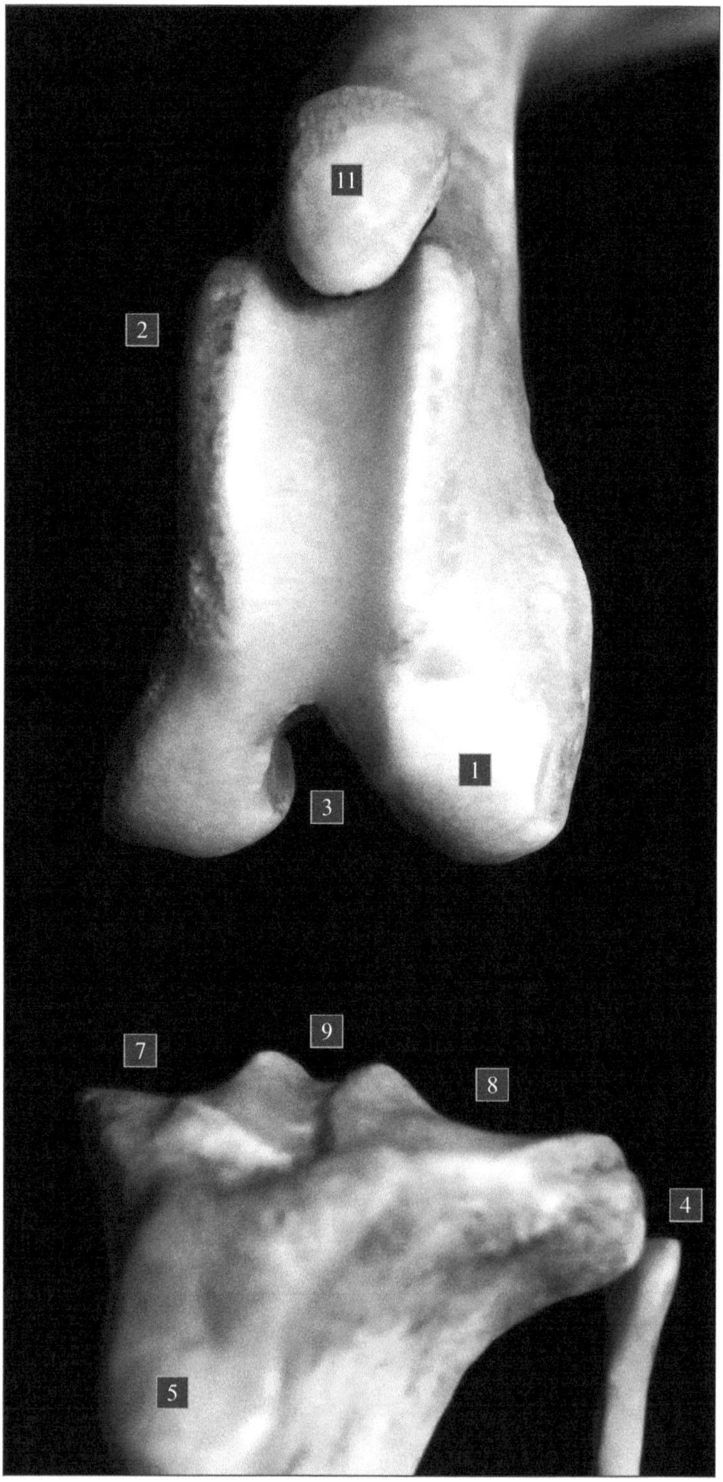

股骨的远端

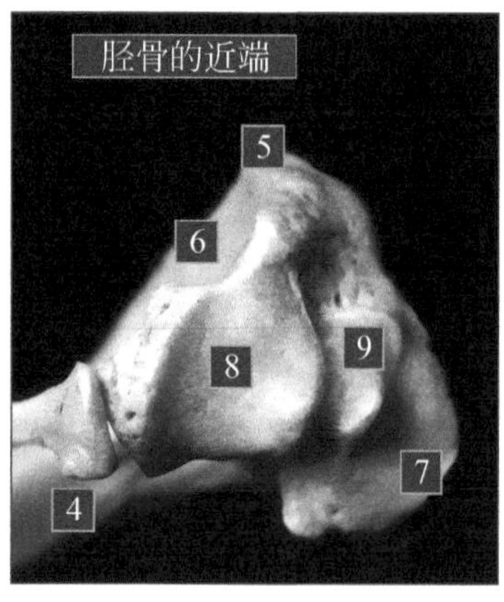

胫骨的近端

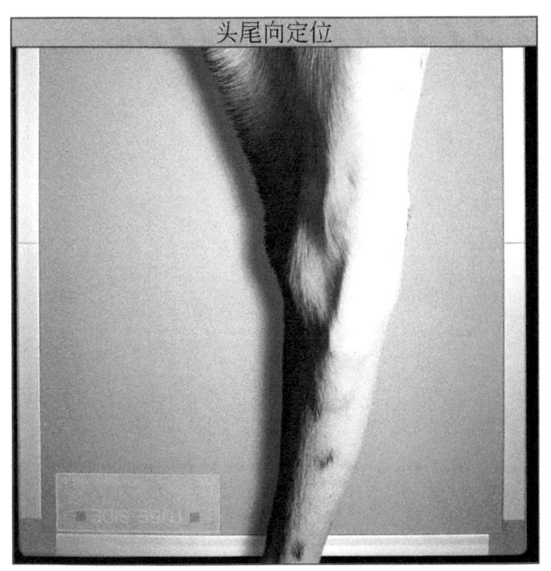
头尾向定位

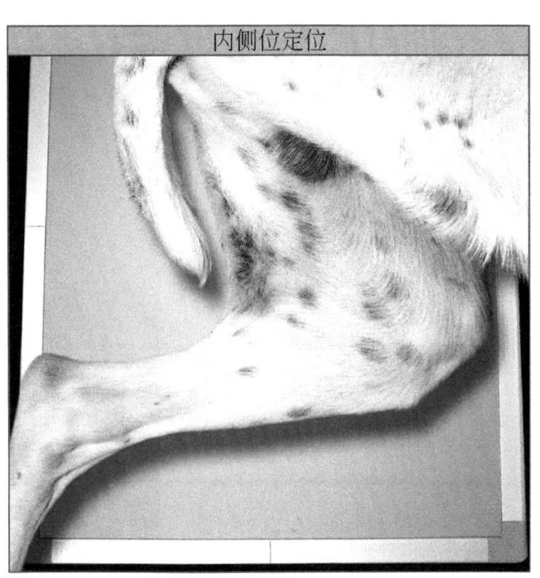
内侧位定位

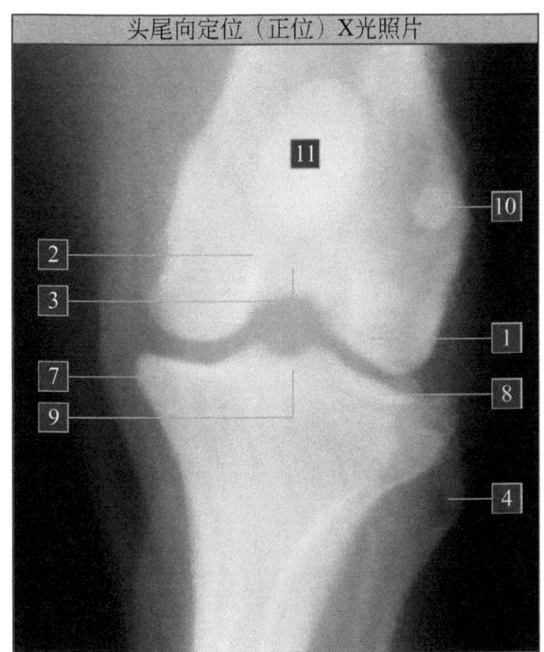

头尾向定位（正位）X光照片

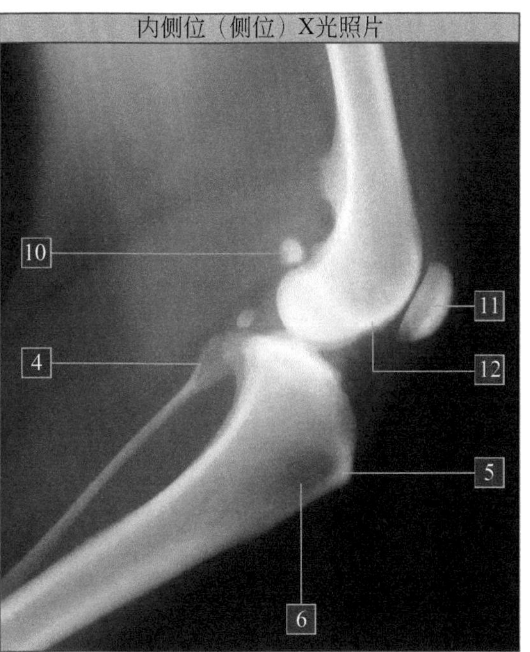

内侧位（侧位）X光照片

髌骨是体内最大的籽骨。

内侧脱位是最常见的，因为内侧的股骨滑车唇没有外侧唇高。

关节组成

关节囊

关节囊较大，有一个大的髌下隐窝。

髌骨和两个十字形韧带位于中央位置，有滑膜包裹，将其与关节腔分开，其将关节腔分为三个腔室：

- 髌股腔室
- 右侧股胫腔室
- 左侧股胫腔室

这三个腔室是相互连通的，所以一个腔室发生的变化会影响到其他腔室。

胫腓骨关节周围的滑膜虽然与股骨髌骨相连，但仍保持其独立性。

韧带

与髌骨直接相关的韧带有：

1. 近端为股四头肌止肌腱。
2. 远端是髌韧带，它固定在胫骨粗隆上。
3. 外侧和内侧分别有连接髌骨外侧和内侧的股髌骨韧带。
4. 近端胫腓韧带，连接腓骨头和胫骨的腓骨切迹。
5. 侧副韧带、外侧韧带和内侧韧带连接股骨和胫骨，以限制关节的活动，使其完成滑车关节的功能。
6. 前十字韧带，连接股骨外侧髁内表面与胫骨髁间隆起的基部头侧。
7. 后十字韧带，连接股骨内侧髁的内表面和胫骨髁间隆起的基部尾侧。

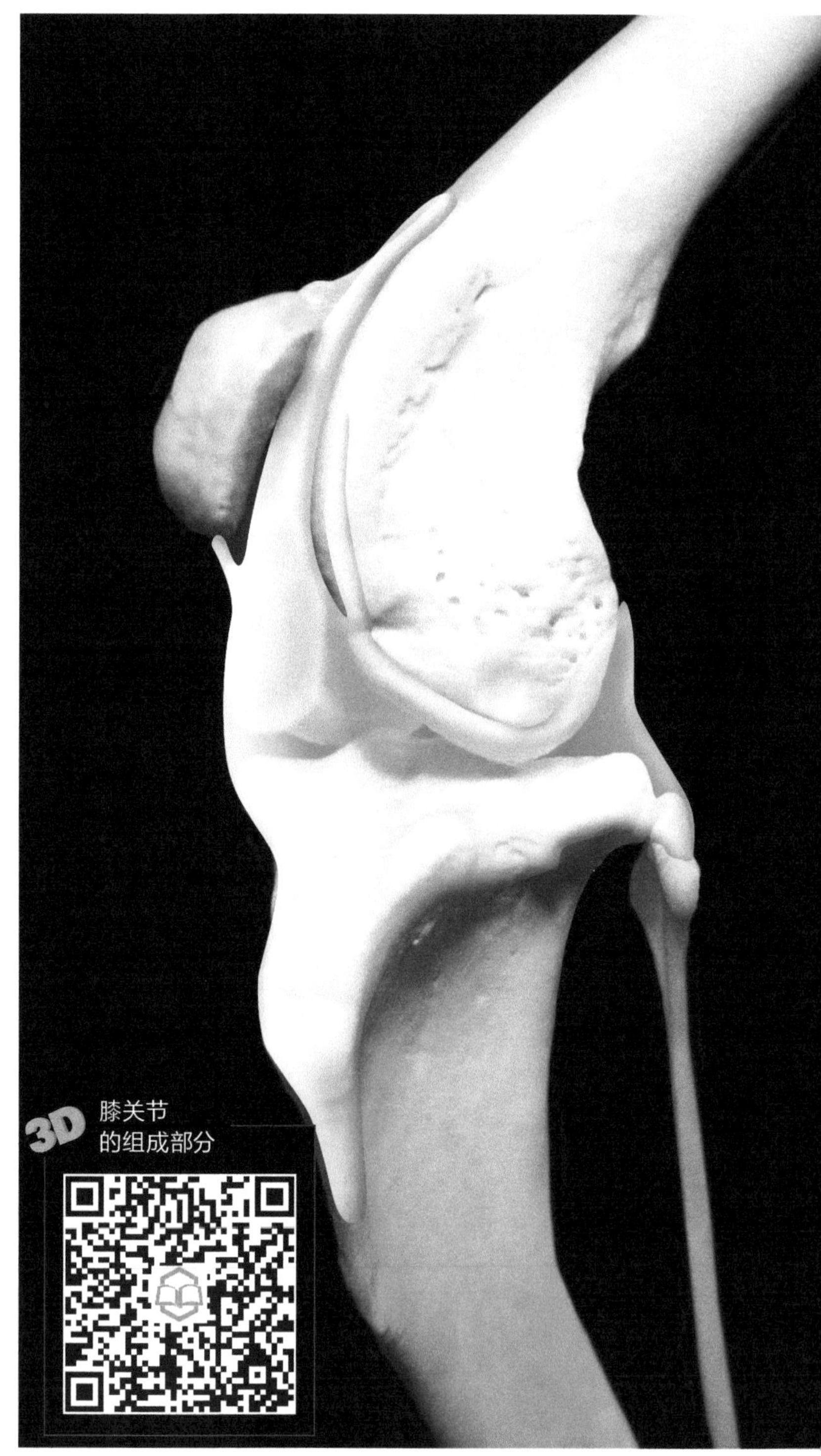

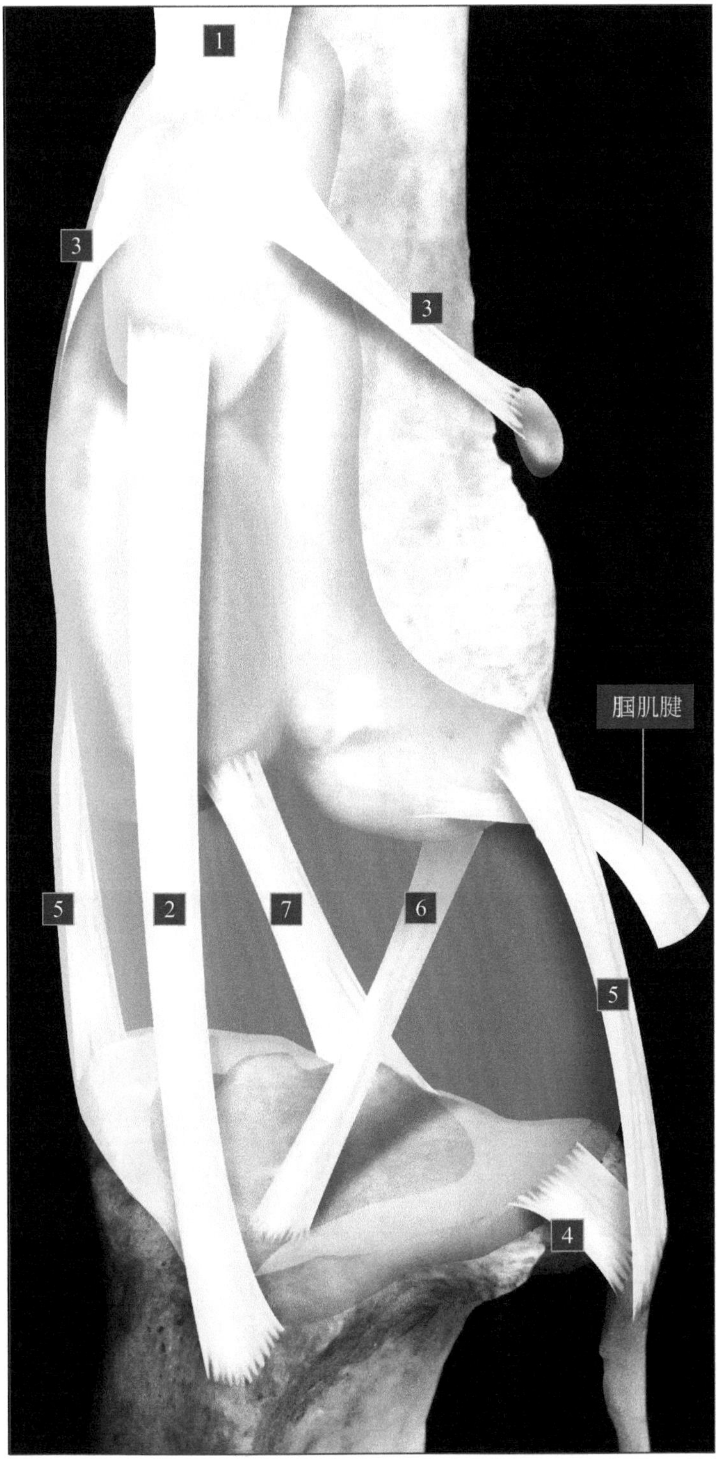

与关节相关的肌肉

除了关节周围的肌肉的肌腱提供对关节的稳定作用外，值得注意的是腘肌的走向，起源于股骨外侧髁的腘肌腱穿过外侧副韧带旁边的通路，并与关节囊分离。

半月板

半月板在滑膜腔内，被滑膜包裹，其透明软骨细胞从滑膜中获取营养。

半月板的形状像一个字母C，在胫骨平面上以互为镜像的形式出现。

半月板的近端在胫骨髁间隆起的近端，在胫骨面上有韧带（膝关节横韧带）相互连接。

在后十字韧带的后面，半月板远端有股骨半月板韧带连接半月板外侧到股骨髁内侧面。

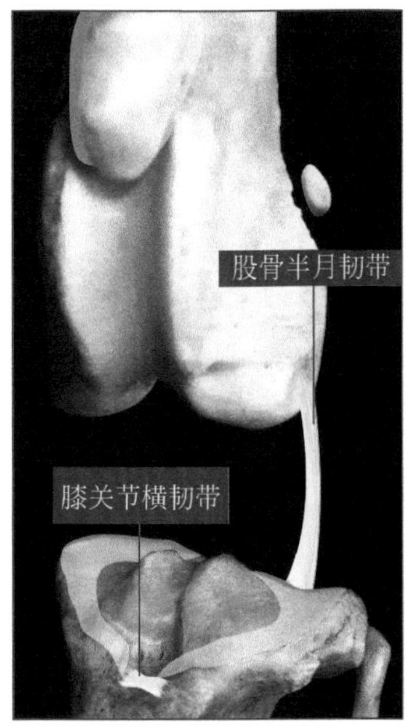

十字韧带和抽屉样测试

当股骨处于固定状态时，前后十字韧带在关节腔内的交叉固定限制了胫骨的向内旋转，或者当胫骨处于固定状态时限制了股骨的向外旋转。

强迫运动可能会导致这些韧带的破裂。

此外，当胫骨固定时十字交叉韧带限制股骨向后滑动；或者当股骨固定时限制胫骨向前滑动。

如果十字韧带受损，很容易发生断裂。

这些韧带的断裂可能导致胫骨相对于股骨向前和/或向后滑动。

双手分别固定股骨远端与胫骨近端，前后活动膝关节的方法称为抽屉样测试。

抽屉样测试

进行测试时，用一只手握住股骨，同时用另一只手握住胫骨和腓骨近端尝试从尾侧向头侧将其移动，如果能够移动，则可诊断为十字韧带断裂。

膝关节在正常位置

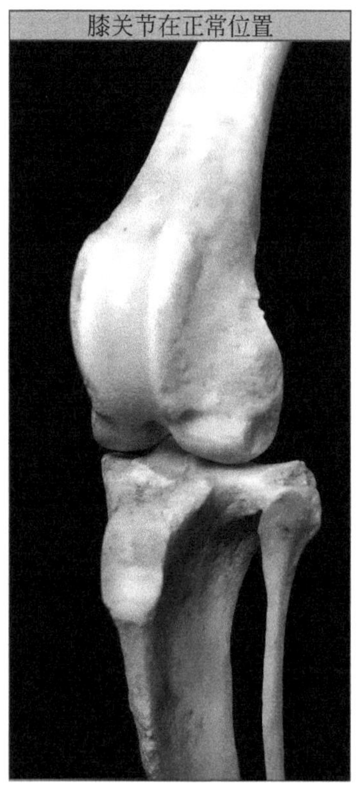

胫骨腓骨尾侧移位

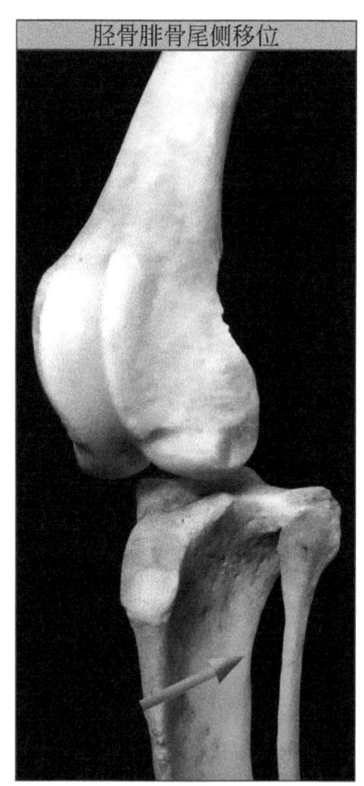

胫骨腓骨头侧移位

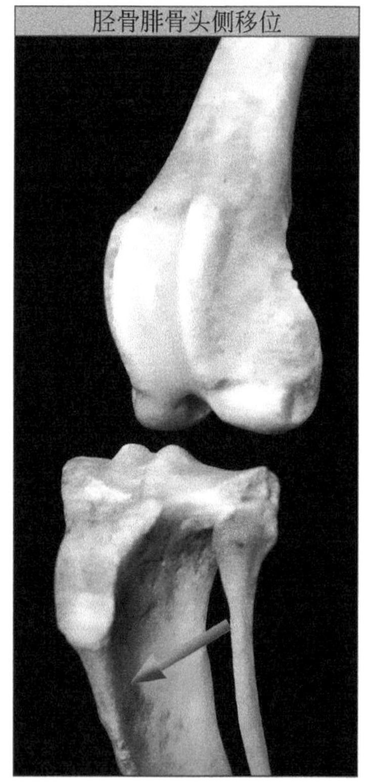

游离子

半月板的碎裂会导致一些碎片松动，在关节内部自由活动。它们被称为游离子，它们异常游走到任意位置会导致关节运动困难。

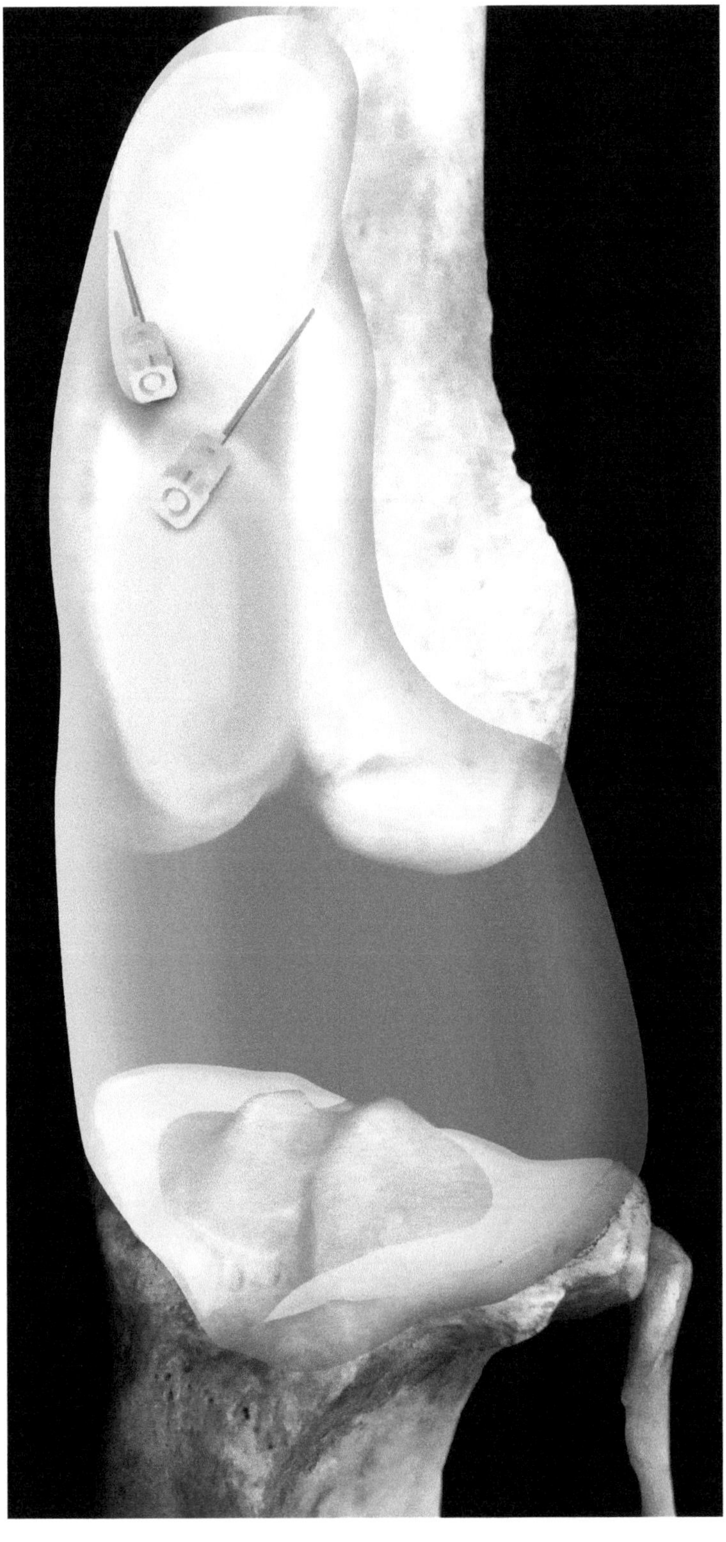

关节穿刺术

最容易的穿刺位于关节近端或髌下囊。可从关节外侧或内侧进行穿刺。

在膝关节半屈曲时，触诊可发现髌骨远端边界和髌骨韧带。

穿刺靠近髌韧带近端或内侧时，穿刺针穿过位于关节囊纤维膜与滑膜间的髌下脂肪体，这时要求关节处于固定不活动状态。

3D 膝关节穿刺术

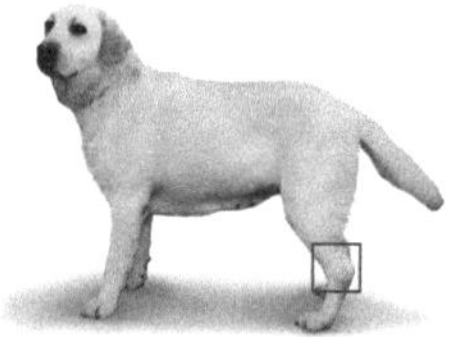

跗关节

关节

胫腓远端联合

为平面滑膜关节，位于胫骨和腓骨远端之间，它的被膜是从跗跖骨关节延伸过来的。

胫跗关节

为滑膜滑车状关节，由胫骨和腓骨的远端部分与跟骨和距骨相连而形成的关节。

跗骨间关节

为滑膜平面型关节，出现在跗关节相接触的两骨头之间。最近端是跟距关节和跟骨关节。其余均为远端关节，而楔形锁骨是最为重要的。

跗跖关节

为滑膜平面关节，位于跗关节远端和跖骨近端之间。

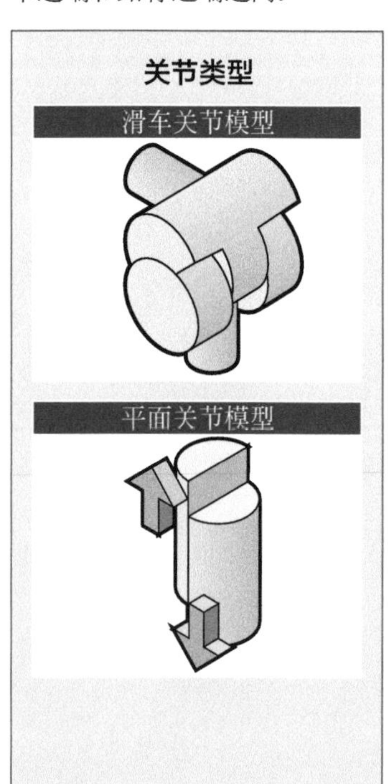

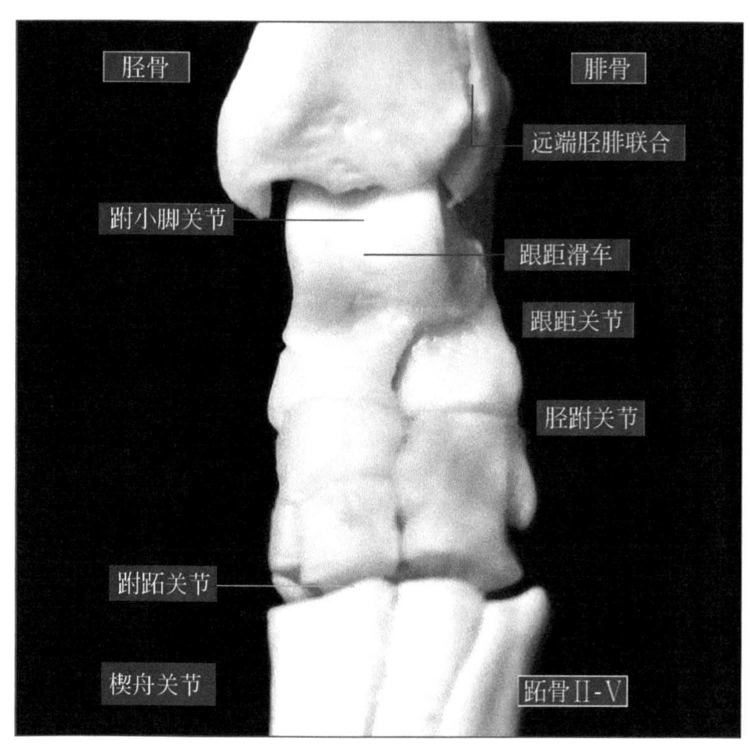

解剖结构和运动方式

唯一可见的运动是通过胫跗骨关节发生的。其余关节的活动对跗关节区域的活动影响不大，关节表面变平，为了吸收冲击(抗震荡机制)和驱散站立过程中产生的力量，有一些可能的分离和滑动的运动方式。

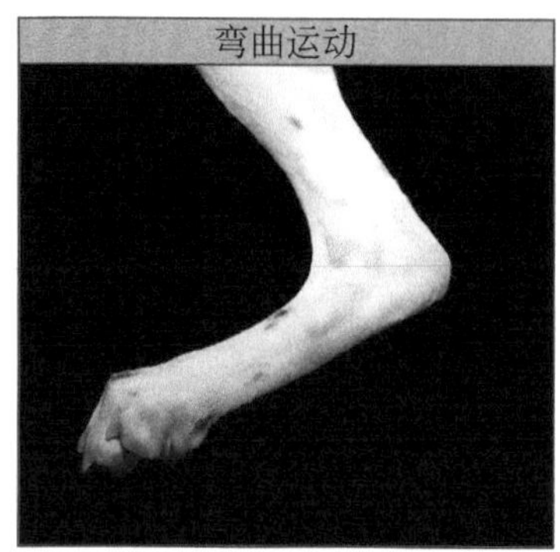

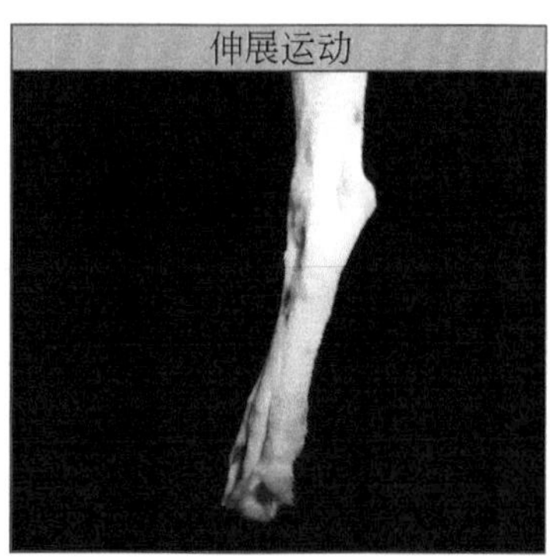

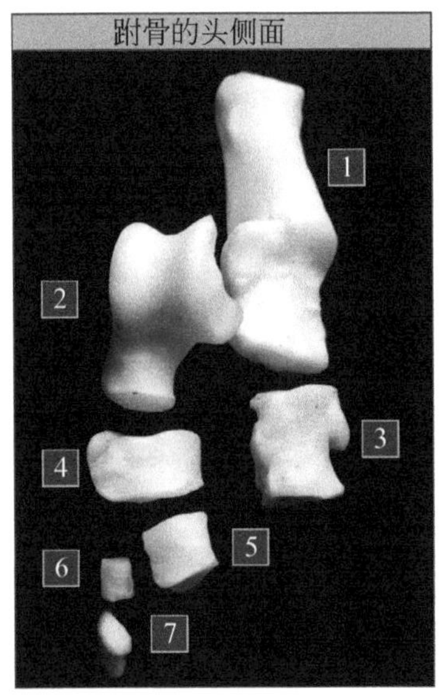

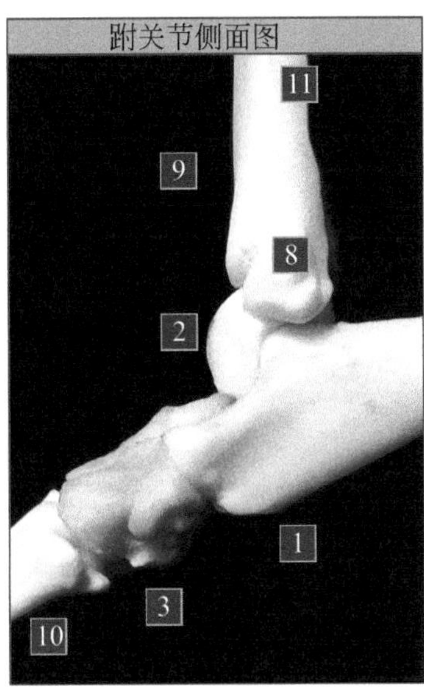

跗骨关节的骨骼学

1. 跟骨。
2. 距骨。
3. 跗骨。
4. 中央（舟状）跗骨。
5. 第三跗骨（外侧楔形骨）。
6. 第二跗骨（中间楔形跗骨）。
7. 第一跗骨（内侧楔形骨）。
8. 腓骨外踝。
9. 胫骨。
10. 跖骨。
11. 腓骨。

掌骨面可出现籽骨。

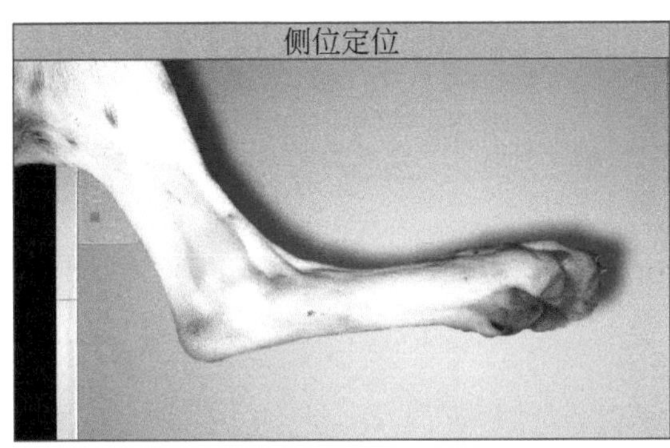

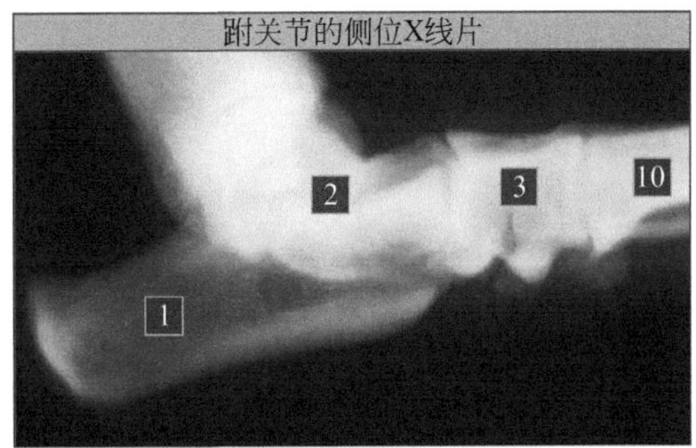

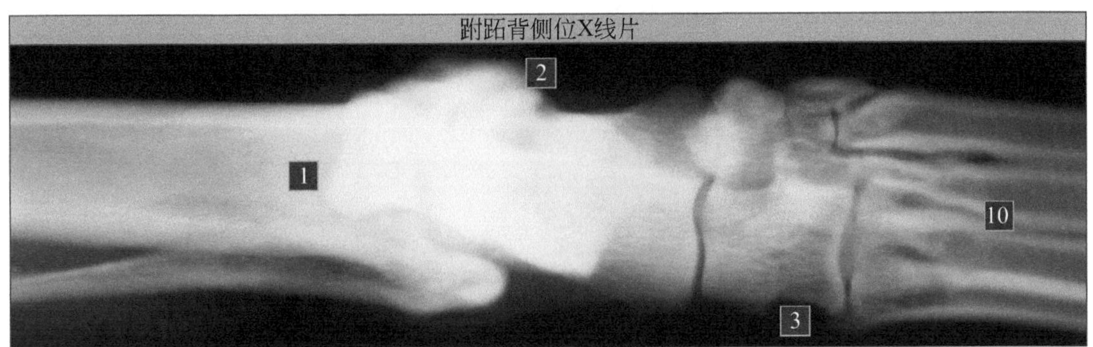

关节组成

关节囊

纤维滑膜包裹覆盖以上所有关节，对骨骼进行不对称的固定，形成了三个外侧滑囊（近端、中端和远端）和四个内侧滑囊（近端、中1、中2和远端）。它们的排列和相互关系如图所示。

近端关节囊最大，其他关节囊附着在骨头表面，体积较小。

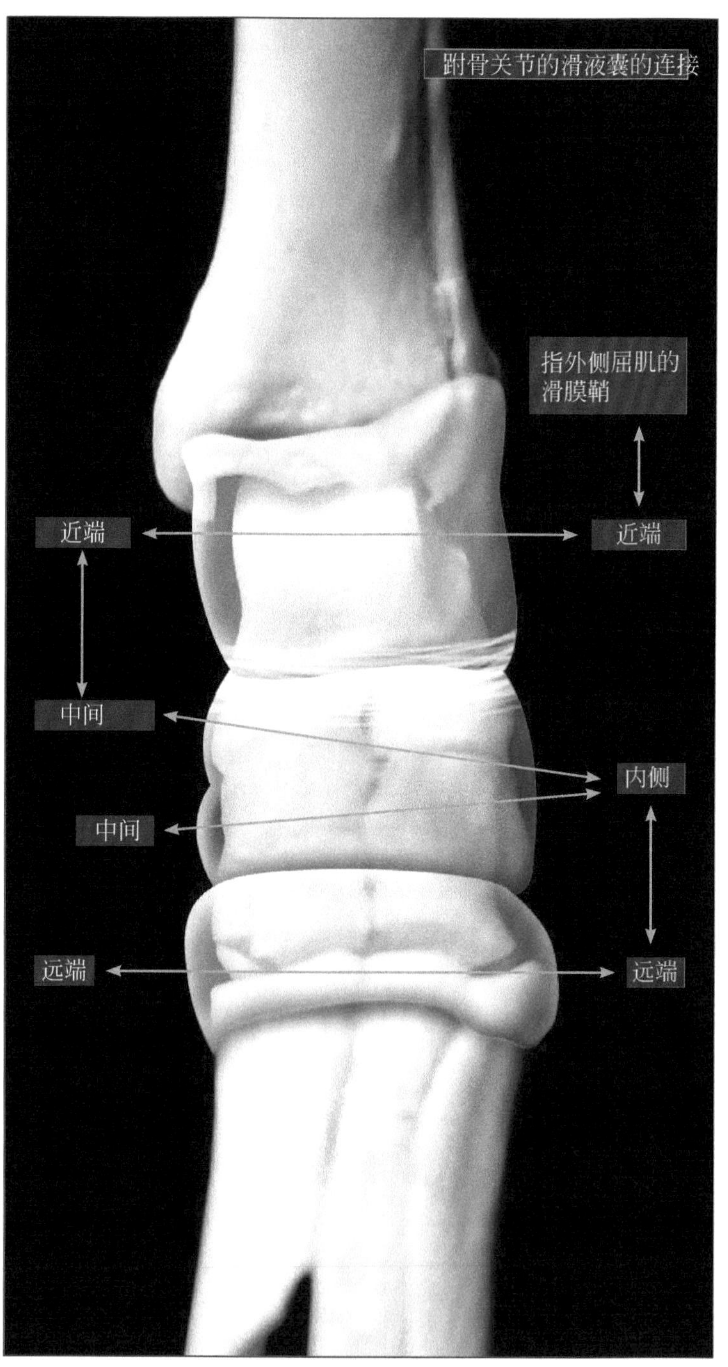

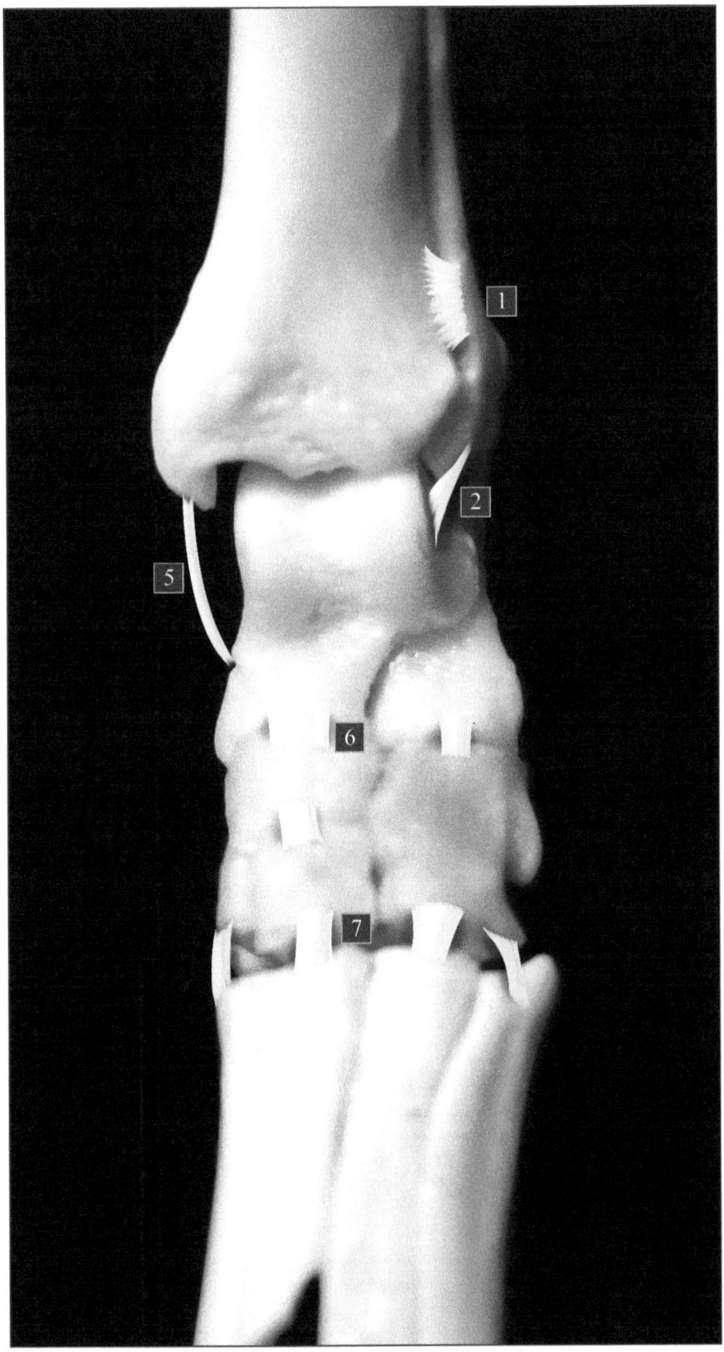

韧带和支持带

1.固定胫骨和腓骨关节的远端胫腓韧带。

2.距腓骨韧带和跟骨腓骨韧带，分别在腓骨踝部的外侧和背面与距骨和跟骨相连。

3.侧副韧带有两个附着点，短的一根连接跟骨，长的一根连接跖骨。

4.长足底韧带，位于外侧端，连接跟骨、跗骨和第五跖骨近端。

5.内侧副韧带，连接胫骨内侧踝与距骨的内侧面。

6.跗关节内的跗骨背韧带，它们成对连接跗骨的侧背面。跖侧有其他类似韧带称为跖跗韧带。

7.跖跗骨韧带 连接跗关节远端与跖骨的韧带。

● 支持带可以分为三种：背侧支持带即伸肌支持带，外侧是胫骨支持带及跖部和屈肌支持带。

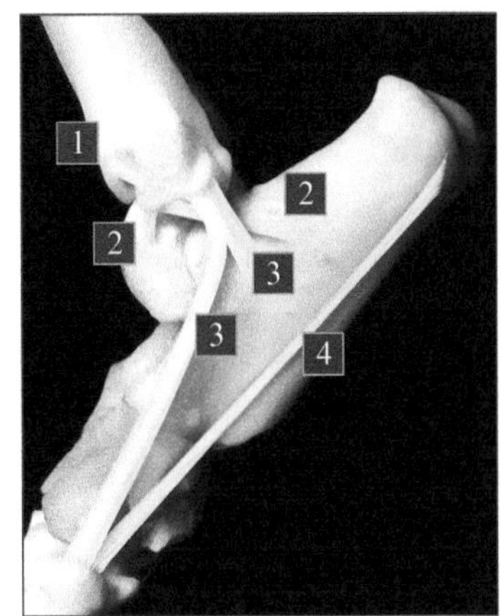

相关的肌肉

起源于腿部远端1/3的跟骨腱与背侧（伸肌）支持带相连，而此处各种肌肉形成的腱鞘也与支持带相连。

这些肌肉是：

- 胫前肌。
- 趾长伸肌。
- 第一指伸肌。

横向上有另一方面的加强结构，是腓骨肌的支持带。

- 腓肠肌。
- 腓骨短肌。
- 趾外侧伸肌。

与足底支持带（屈肌）相连的是趾深屈肌。两者都通过跗骨的跗管，这是跟结节内侧的空隙，屈肌支持带帮助其形成。它由来自跟结节的深筋膜增厚而成，围绕跗部至其内侧面。

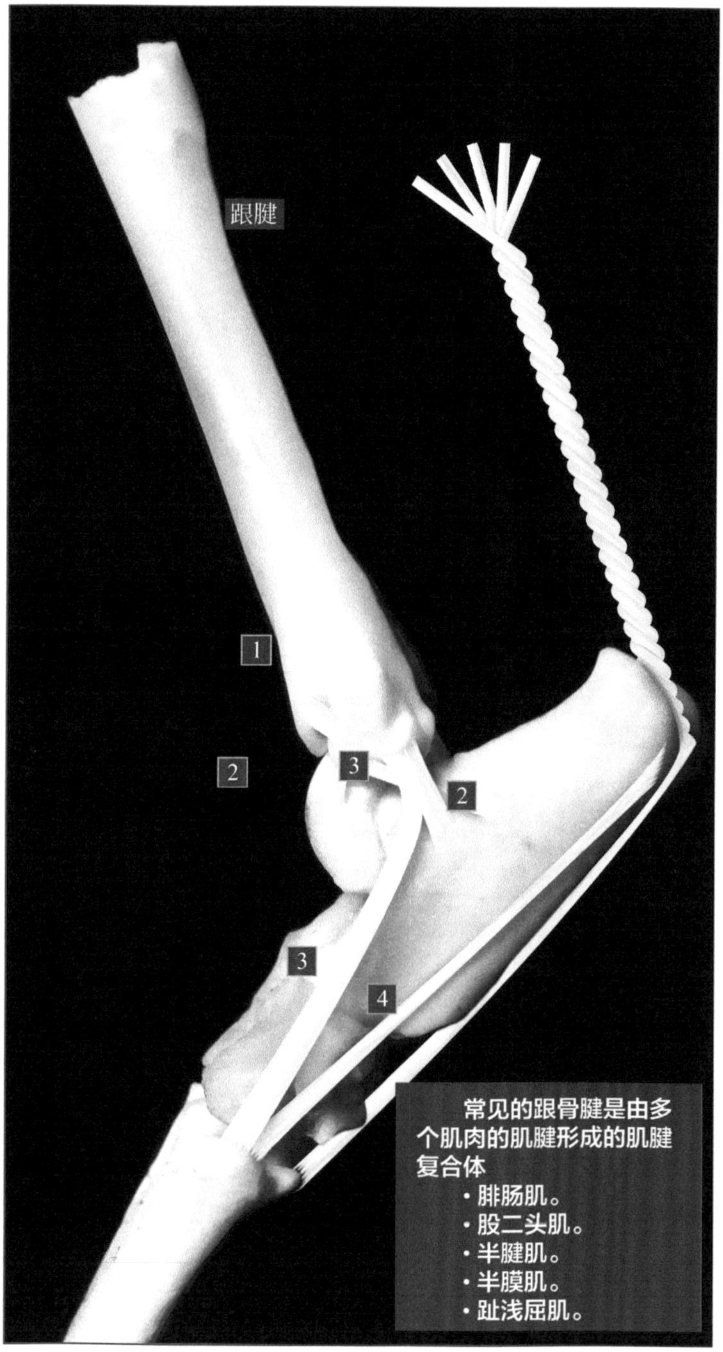

屈肌支持带

跟腱

1

2

3

2

3

4

常见的跟骨腱是由多个肌肉的肌腱形成的肌腱复合体

- 腓肠肌。
- 股二头肌。
- 半腱肌。
- 半膜肌。
- 趾浅屈肌。

关节穿刺术

在关节囊最为膨大的位置进行穿刺，此处位于活动性最大的跗跖关节的近端与侧面。

穿刺时跗关节应该处于放松的状态，并稍稍弯曲。从胫骨外踝远端和距骨滑车外侧唇之间的间隙进针，进针的方向朝向远端和足底方向。

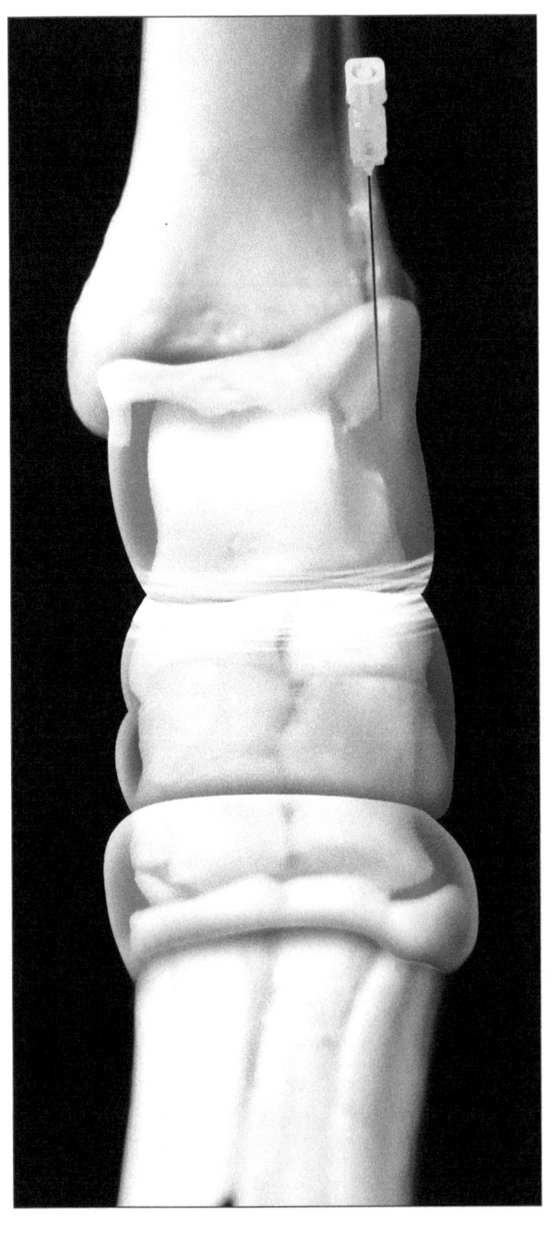

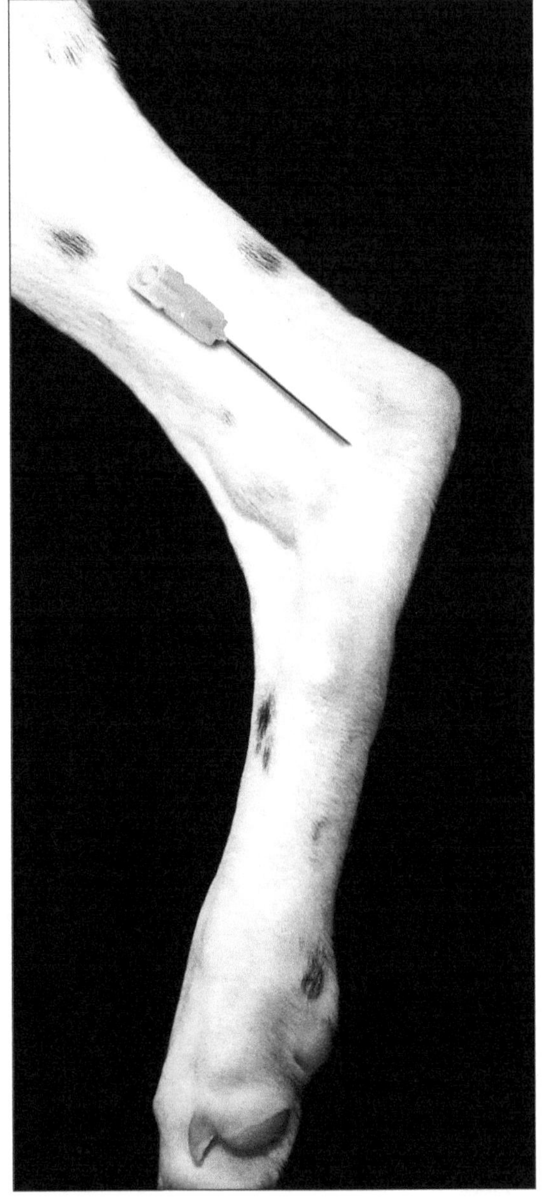

趾关节

跖趾关节

它们与掌指骨的解剖结构大体相似。

在近端，跖骨由韧带紧密连接在一起。

在远端，跖骨之间有骨间隙。

掌骨和跖骨之间的骨骼学差异

跖骨比掌骨长。

掌骨、跖骨之间的区别

跖趾没有足底凹陷或足底韧带。

足趾的关节

它们类似于前肢的指骨。

手指和足弓之间的骨学差异

足趾只有四个趾，而无第一趾。

与指的关节差异

通常不进行跖趾关节穿刺，因为它们既没有足底凹陷，也没有足底韧带，不太容易穿刺。

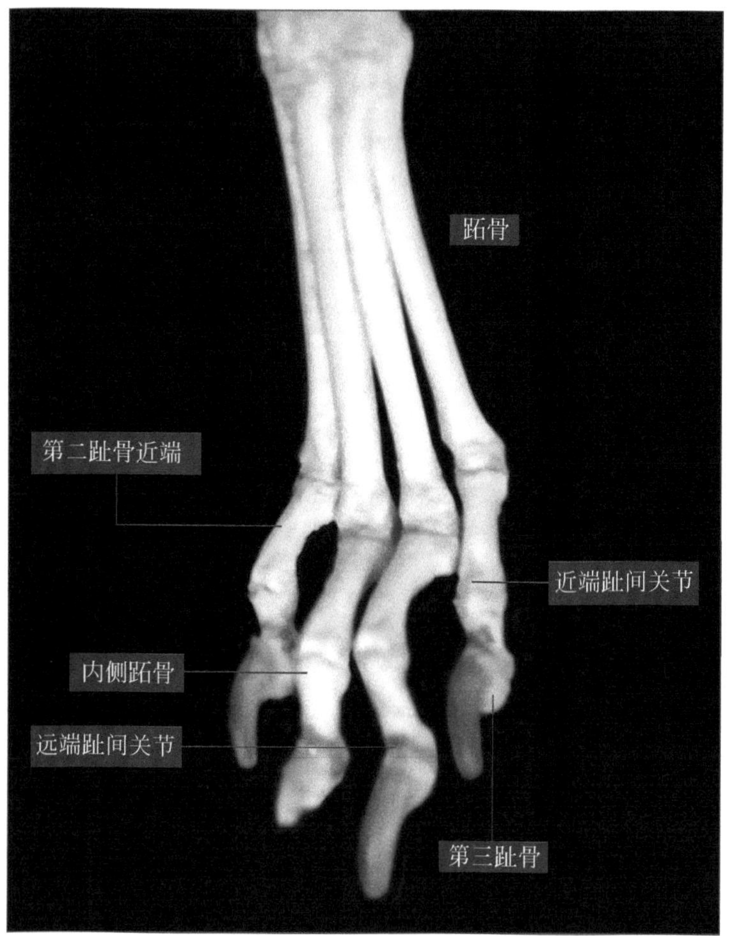

多趾

某些品种的犬（法国猎犬、獒犬、圣伯纳犬）有先天性的多趾，与前肢类似。在这些病例中，只有运动功能是正常的。

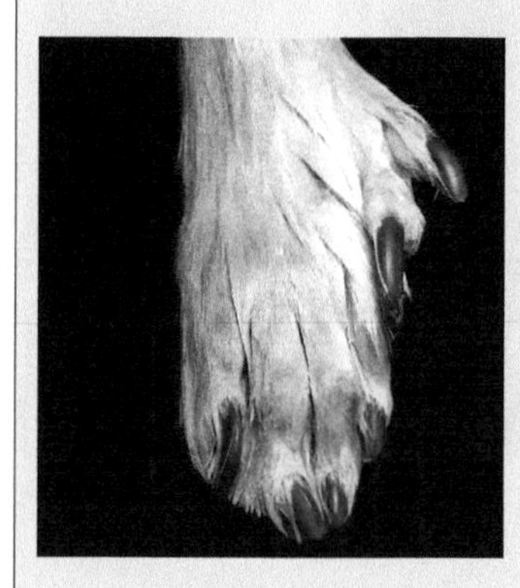

这些照片是用西班牙产RX牌X射线摄像机拍摄完成的。其工作参数为高频400mA，500mAs，150kV。

如图所示，拍片前X光机镜头灯光照射的患犬身体的投影区域，即为X光摄像的区域，对摄像师可起引导作用。

本书中对动物拍片时，患病动物保定所取的体位（除非另有规定）默认为右侧卧，这意味着四肢总是显示在身体的左边。